"十三五"国家重点图书出版规划项目

中国特色畜禽遗传资源保护与利用丛书

大 河 猪

严达伟　高春国　主编

中国农业出版社

北 京

丛书编委会

本书编写人员

主　编　严达伟　高春国

副主编　董新星　李明丽　马　黎　鲁绍雄　杨舒黎
　　　　于福清

编　者　(按姓氏笔画排序)

于福清　马　黎　王　琳　王孝义　尤如华

牛元力　兰国湘　吕敏娟　许泽宪　严达伟

李　祥　李明丽　李金恬　杨舒黎　吴汝雄

张　浩　张　博　陈　强　赵家礼　聂靖茹

高春国　曹晓云　董新星　鲁绍雄

　　我国是世界上畜禽遗传资源最为丰富的国家之一。多样化的地理生态环境、长期的自然选择和人工选育，造就了众多体型外貌各异、经济性状各具特色的畜禽遗传资源。入选《中国畜禽遗传资源志》的地方畜禽品种达 500 多个、自主培育品种达 100 多个，保护、利用好我国畜禽遗传资源是一项宏伟的事业。

　　国以农为本，农以种为先。习近平总书记高度重视种业的安全与发展问题，曾在多个场合反复强调，"要下决心把民族种业搞上去，抓紧培育具有自主知识产权的优良品种，从源头上保障国家粮食安全"。近年来，我国畜禽遗传资源保护与利用工作加快推进，成效斐然：完成了新中国成立以来第二次全国畜禽遗传资源调查；颁布实施了《中华人民共和国畜牧法》及配套规章；发布了国家级、省级畜禽遗传资源保护名录；资源保护条件能力建设不断提升，支持建设了一大批保种场、保护区和基因库；种质创制推陈出新，培育出一批生产性能优越、市场广泛认可的畜禽新品种和配套系，取得了显著的经济效益和社会效益，为畜牧业发展和农牧民脱贫增收作出了重要贡献。然而，目前我国系统、全面地介绍单一地方畜禽遗传资源的出版物极少，这与我国作为世界畜禽遗传资源大国的地位极不相称，不利于优良地方畜禽遗传资源的合理保护和科学开发利用，也不利于加快推进现代畜禽种业建设。

为普及对畜禽遗传资源保护与开发利用的技术指导，助力做大做强优势特色畜牧产业，抢占种质科技的战略制高点，在农业农村部种业管理司领导下，由全国畜牧总站策划、中国农业出版社出版了这套"中国特色畜禽遗传资源保护与利用丛书"。该丛书立足于全国畜禽遗传资源保护与利用工作的宏观布局，组织以国家畜禽遗传资源委员会专家、各地方畜禽品种保护与利用从业专家为主体的作者队伍，以每个畜禽品种作为独立分册，收集汇编了各品种在管、产、学、研、用等相关行业中积累形成的数据和资料，集中展现了畜禽遗传资源领域最新的科技知识、实践经验、技术进展与成果。该丛书覆盖面广、内容丰富、权威性高、实用性强，既可为加强畜禽遗传资源保护、促进资源开发利用、制定产业发展相关规划等提供科学依据，也可作为广大畜牧从业者、科研教学工作者的作业指导书和参考工具书，学术与实用价值兼备。

丛书编委会

2019 年 12 月

序言

　　我国是世界畜禽遗传资源大国，具有数量众多、各具特色的畜禽遗传资源。这些丰富的畜禽遗传资源是畜禽育种事业和畜牧业持续健康发展的物质基础，是国家食物安全和经济产业安全的重要保障。

　　随着经济社会的发展，人们对畜禽遗传资源认识的深入，特色畜禽遗传资源的保护与开发利用日益受到国家重视和全社会关注。切实做好畜禽遗传资源保护与利用，进一步发挥我国特色畜禽遗传资源在育种事业和畜牧业生产中的作用，还需要科学系统的技术支持。

　　"中国特色畜禽遗传资源保护与利用丛书"是一套系统总结、翔实阐述我国优良畜禽遗传资源的科技著作。丛书选取一批特性突出、研究深入、开发成效明显、对促进地方经济发展意义重大的地方畜禽品种和自主培育品种，以每个品种作为独立分册，系统全面地介绍了品种的历史渊源、特征特性、保种选育、营养需要、饲养管理、疫病防治、利用开发、品牌建设等内容，有些品种还附录了相关标准与技术规范、产业化开发模式等资料。丛书可为大专院校、科研单位和畜牧从业者提供有益学习和参考，对于进一步加强畜禽遗传资源保护，促进资源可持续利用，加快现代畜禽种业建设，助力特色畜牧业发展等都具有重要价值。

中国科学院院士
中国农业大学教授

2019 年 12 月

前言

　　猪种资源是祖先留给我们的宝贵遗产，是猪业发展的种质基础和育种创新的重要战略资源，也是满足多元化市场需求的保障。大河猪主产于云南省曲靖市富源县大河镇、营上镇而得名，具有全身火毛、肌内脂肪含量高、肉质好的特点，是加工"云腿"的优质原料猪种之一，享有"大河猪种甲滇东"之美誉。

　　云南农业大学连林生教授1977年主持育成了我国第一个纯火毛地方猪新品系（大河猪火毛快长系），开启了云南地方猪种选育利用的先河；1994年，在著名动物育种学家、原国家猪遗传资源委员会主任盛志廉先生的指导下开始了以大河猪为素材的新品种（大河乌猪）培育并于2003年通过农业部审定。近年来，在云南省曲靖市富源县县委、县政府的支持下，云南东恒集团等一批食品企业以大河猪及大河乌猪为原料，产、学、研联合，育、繁、推一体，生产、加工、销售一条龙，对云南火腿等进行升级改造，开发出畅销全国的发酵肉制品等5类140余个产品，"大河乌猪"获国家农产品地理标志登记，"大河乌猪地理商标"被评为国家驰名商标，为我国地方猪种的开发利用提供了成功案例。

　　作为"中国特色畜禽遗传资源保护与利用丛书"的分册，本书系统介绍了大河猪的品种来源、特征特性、繁育保护、营养需要、饲养管理、疫病防控、场建环控、品牌建设等内容，以期全面呈现大河猪的历史和现状，为教学、科研和生产推广单位提供参考，助推大河猪的开发利用。

　　写作过程中，我们被一代代养猪人为我国地方猪种保护而付出的艰辛感动！被老一辈科学家对地方猪种事业的挚爱感染！因此，本书写作的另一个目的是凝练过去、承载现在、昭示未来，回顾过往、缅怀先辈、鼓舞当代，继承先辈精神，坚定为地方猪种事业而奋斗的信心，为地方猪种的创造性传承和创新发展而奋斗！

　　在本书编写过程中，全国畜牧总站和中国农业出版社为本书的策划、选题和出版出谋划策，在此谨向所有关心和支持本书编写、出版的领导、专家和学者致以衷心的感谢！此外，本书参考了大量文献，在此也一并向原作者表示诚挚的感谢！

　　本书写作团队是云南农业大学、曲靖市畜禽改良工作站、富源县畜牧兽医局等多家单位长期从事大河猪研发、生产、管理和推广的中青年科技人员。尽管我们力图全面再现大河猪这一优秀猪种资源的历史、演变和发展，翔实收录其最新进展，但由于水平有限，书中难免有不少错漏和不妥之处，恳请各位同行、专家和广大读者批评指正。

编　者

2019 年 9 月

第一章
大河猪品种起源与形成过程

大河猪是中国西南地区脂肉兼用型优良地方猪品种，属乌金猪的一个重要类型。因主产于云南省曲靖市富源县的大河镇、营上镇一带，历史上一直称其为大河猪。为了保护大河猪，1975 年在富源县大河镇的黄梨村建立了大河猪种猪场，从周边农村选购组建了大河猪生产群体，开展了大河猪的规模饲养。1976 年，由云南农业大学连林生教授主持，开始了大河猪的保种选育工作。随着保种选育工作的开展，大河猪的名气越来越大，1981 年被收录于《曲靖地区地方主要畜禽品种志》，1986 年被收录于《中国家畜家禽品种志》，1987 年被收录于《云南省家畜家禽品种志》。1987—1993 年，在连林生教授主持下，又开展了火毛快长系选育研究和提高瘦肉率研究，育成了火毛快长系。2000 年被列入《国家级畜禽品种资源保护名录》，2006 年和 2014 年又两次被列入《国家级畜禽遗传资源保护名录》，2009 年被列入《云南省省级畜禽遗传资源保护名录》，2011 年被收录于《中国畜禽遗传资源志·猪志》，2015 年被收录于《云南省畜禽遗传资源志》。

第一节　大河猪产区自然生态条件

一、原产地及分布范围

大河猪原产于云南省曲靖市的富源县，尤以富源县的大河镇、营上镇一带饲养数量最多。据 1974 年普查，仅大河镇、营上镇两个镇就有大河猪基础母猪 9 100 多头，占当时富源全县基础母猪总数的 45.5％。故中心产区为富源县的大河镇、营上镇两个镇。当时大河猪主要分布在大河镇、营上镇与之相邻

1

的竹园、墨红等乡镇，与竹园、墨红相连的麒麟区茨营、东山两乡镇的边远山区及与大河镇、营上镇相连的贵州盘县的边远山区也有少量分布。大河猪仔猪曾一度远销贵州的兴义、盘县，云南的昆明、江川、曲靖、宣威、会泽、罗平、沾益等地。

随着外地优良种猪的引入和生猪杂交改良的不断深入，大河猪的数量不断减少，据 2006 年畜禽遗传资源普查，富源全县只有大河猪 895 头，其中母猪 869 头、公猪 26 头，分布在大河、营上、竹园、墨红 4 个乡镇的 18 个村委会 60 个自然村 775 个养殖户和大河种猪场。由于外地种猪大量引进改良，不少农户选留杂交母猪作种用，特别是在利用大河猪成功培育了大河乌猪后，为打响大河乌猪品牌，做大做强大河乌猪产业，以大河乌猪作母本、大约克夏公猪为父本定向繁育，生产约克夏×大河乌猪二元杂交商品猪，大力开发冷鲜肉、火腿等产品以满足市场需要，大河猪的群体规模又进一步减小。到 2010 年，富源全县仅有大河猪 441 头，其中公猪 44 头、母猪 397 头。"十二五"期间，当地加大了大河猪的保种工作力度，大河猪存栏数渐有回升。2015 年富源全县大河猪存栏 1 058 头。

二、产区自然生态条件

大河猪中心产区——富源县，地处云南省曲靖市东部，隶属曲靖市管辖，位于北纬 25°02′38″～25°58′22″、东经 103°58′37″～104°49′48″，东与贵州省的盘县接壤，南与贵州省的兴义市和曲靖市的罗平县毗邻，西与曲靖市的麒麟区、沾益县交界，北和曲靖下辖的宣威市相连。县境版图呈两头宽、中间窄的狭长地形，东西最宽处 54km、最窄处 9.4km，南北长 103km，总面积 3 235.4km²。境内居住着汉、彝、水、回、苗、白、壮、布依等 18 个民族。县政府驻地中安镇距曲靖市区 63km，距省会昆明 198km。富源县自古就是中原进入云南的交通要道，素有"入滇第一关""滇黔锁钥""八宝之乡"的美誉，是云南的东大门。境内乌蒙山支脉自北向南纵贯全境，地势由西北向东南略倾斜，形成西北高、东南低的走向。最高海拔在西北部墨红镇境内的营盘山，达 2 748.9m；最低海拔在东南部古敢乡境内的特土大峡谷，为 1 110m。全县年平均气温 13.8℃，极端最低气温 −10.9℃，极端最高气温 34.9℃，相对湿度 75% 左右，无霜期 240d，年降水量 1 093.7mm，年日照时数 1 820h，是典型的南温带山地季风湿润气候。降水丰富，四季温和，湿度较大，雨热同季，干湿分明，光照热量条件较好，为农业生产和动植物生存提供了适宜的气候条件。境内山脉由北向南展开，河流依山切割，发源并独立流出块泽河、黄泥河、嘉河、丕德河、篆长河、水城河、木浪河7条河流，境内流量22.1亿m³，境外流入水量6.7亿m³，人均拥有水资源4 500m³。河流调节了境内气候，形成"夏无酷暑，冬无严寒，气候温和，雨量充沛"的气候特点，历来水旱灾情较轻，适宜多种植物生长。境内矿藏资源和生物资源丰富，有已探明具有工业开采价值的煤炭、萤石、铅、锌、硫铁矿、铁、石膏、金等4类21种矿藏资源，且分布广、储量大，尤其煤炭资源储量极大，10个镇含煤面积833km²，占土地面积的1/4，已探明煤炭储量64.57亿t，其中无烟煤探明储量达38.8亿t，是中国长江以南最大的无烟煤田。生物资源有森林树种45个科106种，有牧草110余种、优良畜禽品种10多个、农作物品种285个。土壤以红壤面积最大，占总面积的33.61%；其次为黄棕壤，占总面积的28.77%；第三是黄壤，占总面积的17.78%；另外，还夹杂有紫色土、石灰土、冲积土和草甸土等。耕地面积11.68万hm²，占总面积33%；牧地3.8万hm²，占11.8%；林地12.9万hm²，占33.55%。农作物主要有玉米、马铃薯、小麦、大麦、蚕豆、豌豆、荞麦和少量水稻。经济作物主要以烤烟、油菜、魔芋、银杏为主。饲料作物主要以芭蕉芋、萝卜、瓜果、蔬菜为主，尤其盛产芭蕉芋。精饲料、青饲料和粗饲料来源丰富，为境内动物的繁衍生息提供了良好的饲料条件。尤其大河、营上一带的小气候明显，气候温和，雨量充足，土地肥沃，自然气候能确保一年两熟，土地复种指数高，有利于玉米、小麦、大麦、蚕豆、豌豆和各种青绿植物的生长，为生猪等畜禽养殖提供了较好的物质基础。

第二节　大河猪产区社会经济变迁

一、产区人文结构

（一）富源县的历史变迁

富源县，自春秋战国以来，就充分发挥其滇黔锁钥的要塞枢纽作用。富源县从秦朝开始经历了名称的更替变化，包括且兰县、宛温县、平夷县、平蛮县、亦佐县、平夷卫，从清代到新中国成立前，称为平彝县。

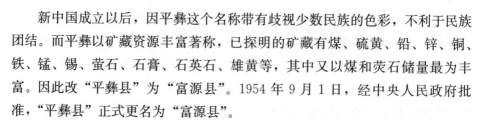

新中国成立以后，因平彝这个名称带有歧视少数民族的色彩，不利于民族团结。而平彝以矿藏资源丰富著称，已探明的矿藏有煤、硫黄、铅、锌、铜、铁、锰、锡、萤石、石膏、石英石、雄黄等，其中又以煤和荧石储量最为丰富。因此改"平彝县"为"富源县"。1954 年 9 月 1 日，经中央人民政府批准，"平彝县"正式更名为"富源县"。

（二）富源县主要人文情况

1. 主要文物古迹

（1）闻名遐迩的胜境关　在富源县城东南 8km 云南和贵州两省的交界处，有一道"山界滇域，岭划黔疆，风雨判云贵"的雄奇界关，它就是闻名遐迩的"胜境关"，是古代出入云南的重要关隘。在关的西面 1 500m 处的胜境关村内，矗立着一座年代久远的木牌坊，正中匾额上有"滇南胜境"四个苍劲有力的大字。

（2）弘扬文化精神的文庙　富源文庙位于富源县城内中安镇平街中段北侧。文庙坐北朝南，庙南北中轴线上依次建有太和元气坊、庠池（亦叫泮池）、灵星门、大成门、大成殿。大成门至大成殿的东、西两侧建有厢房，大成门东侧建有魁星阁，西侧建有文昌宫（已毁）等，组成了文庙整个古建筑艺术群体。富源文庙的建筑规模不算大，却是云南省内保存较为完整的文庙之一。它是为孔子修建的庙宇，也称孔庙。文庙乃是开现代学府之先河的建筑，因其蕴含着丰富的人文思想，被云南省人民政府公布为第五批省级重点文物保护单位，并逐年拨款对文庙古建筑艺术群体进行陆续的全面修复，现太和元气坊、灵星门、庠池、大成门、大成殿、东西厢房、魁星阁都已修复如初。

（3）激发奋进的中山礼堂　富源中山礼堂位于富源县城内中安镇平街中段的北侧，坐北朝南，1943 年 7 月奠基开工兴建，1945 年 3 月竣工。中山礼堂梁架的木结构技术为"抬梁式"和"穿斗式"相结合，材料是砖、石、木、陶瓦等，内为回廊式厅堂，是两楼一底的重檐庑殿顶，高 13.3m，进深 35.6m，占地面积 660m²。中山礼堂木结构的梁架各衔接处采用中国古建筑上的榫卯技术，具有墙倒屋不塌的良好抗震功能，故历经风雨的侵蚀及地震等自然灾害至今仍矗立着。云南省人民政府将其和文庙合起来公布为第五批省级重点文物保护单位。

2. 对大河猪有较大影响的人物和事迹　云南农业大学动物科技学院连林生教授，一生从事猪的遗传育种工作，是全国知名的猪育种专家。1975 年富源县为保护和选育大河猪，在富源县大河镇建立了大河种猪场。次年，连林生教授带领其技术团队到富源县大河种猪场参与大河猪组群，着手开展大河猪的选育工作。他一边教学，一边结合科研，抽时间到大河种猪场开展选育工作，一干就是 16 年。从大河猪的提纯复壮、性能提高、毛色统一、品系选育多方面入手，开展了提高大河猪生产性能、提高瘦肉率、大河猪毛色遗传规律、火毛快长系选育等一系列研究工作。他曾把陈效华、许振英、吴仲贤、盛志廉等全国著名的猪育种专家邀请到富源大河种猪场，为大河猪的选育等有关课题项目出谋划策，取得了不少指导大河猪选育发展的科技成果。他用 16 年的心血，选育提高了大河猪的瘦肉率，探索了大河猪的毛色遗传规律，统一了毛色（火毛），培育了火毛快长品系，为后来大河猪保种选育和利用大河猪培育大河乌猪新品种奠定了很好的基础。

1992 年以来，在开发利用大河猪培育大河乌猪新品种的进程中，连林生教授积极引荐了全国著名猪遗传育种专家、东北农业大学盛志廉教授，并和盛志廉教授一起担任利用大河猪培育大河乌猪的技术顾问。两位专家多次到富源进行现场指导，在两位教授的指导下，培育攻关组全体科研组团队人员，利用连林生教授选育提纯的大河猪为母本、杜洛克猪为父本，经杂交制种、横交固定、继代选育等系列工作，于 2002 年成功培育了大河乌猪新品种，并通过了国家畜禽遗传资源委员会的审定，于 2003 年 2 月 27 日由农业部发布了新品种公告，颁发了新品种培育证书。

大河乌猪的育成，是两位技术顾问多年指导和全体培育攻关组 10 年辛勤努力的结果，但最重要的还是有连林生教授及其团队 16 年选育提纯的大河猪基础。连教授对大河猪保种选育工作贡献卓著。

二、产区社会经济发展变化

由于交通闭塞、物资流通滞后，富源县的资源没有得到很好的开发利用，种植养殖业粗放落后，经济发展水平极低。中华人民共和国成立初期，平彝县（今富源县）的经济发展水平不高，1952 年，全县工农业总产值才 1 141.05 万元，国民收入仅 456.09 万元，农民人均纯收入只有 24.96 元。之后，在一届届党委、政府的带领下，一代代富源人民勤奋耕耘、努力拼搏，各方面发展逐步向好，社会经济发展渐渐加快。

如在富源县土地面积 3 235.4km²，辖 9 个镇、1 个乡、2 个街道办事处，总人口 80.745 8 万，其中农业人口 69.4879 万，占总人口的 86.06％；总人口中有少数民族人口 69 863 人，约占总人口的 8.7％。2017 年，富源县实现地区生产总值 150.7 亿元，同比增长 11％（其中第一产业增加值 37 亿元，增长 5.8％；第二产业增加值 49.2 亿元，增长 18.3％；第三产业增加值 64.5 亿元，增长 9％），地方公共财政预算收入 10.51 亿元、同比增长 14.1％，农村居民人均可支配收入 1.14 万元，同比增长 9.3％，城镇居民人均可支配收入 32 242 元、同比增长 8.8％。

三、产区交通发展变化

600 年前，"古苗疆走廊"从今天的湖南省常德市，溯沅江水陆两路而上至贵州省镇远县，然后改行陆路，东西横跨贵州省中部的施秉、贵阳、盘县后进入云南省的富源，再经曲靖、嵩明而进入昆明。元代时的富源县，仅有这条从胜境关通过的用石板铺就的古驿道。随着社会的发展、时代的变迁，交通状况慢慢开始改观。1926 年建成通车的中国近代最早也是最长的公路干线之一的沪昆公路（今 320 国道）从平彝县经过，平彝有了第一条里程很短的过境公路。进入 21 世纪以来，公路建设发展速度加快，特别是近些年来，县乡道路建设突飞猛进，开展了"村村通"公路建设工程，县乡道路不仅线路延长、路面拓宽，而且质量明显提高。截至 2013 年，全县实现了 100％通乡（镇）、77.98％通村（社、办事处）、46.54％通自然村，道路硬化率达 90％以上。全县公路通车总里程达 3 035.95km，其中国道 28.25km、省道 137.78km、县道 477.47km、乡道 880.7km、村道 1 412.95km、专用公路 98.8km。

20 世纪 60 年代随着盘西铁路的修通，1970 年修建了富源火车站，贵昆铁路全线开通，富源有了第一条过境铁路。1997 年建成运营的南昆铁路从富源县的黄泥河经过。富源县羊尾哨铁路煤焦货运站于 2006 年 11 月 28 日竣工，设计运量近期年发送 100 万 t，远期年发送 300 万 t。2016 年通车的沪昆高铁从富源经过，并在富源设立富源北站。

由于公路、铁路的发展，为富源经济发展奠定了良好基础，拉动了农村经济的持续发展，人民生活水平不断提高。

四、主要畜产品及市场消费习惯

富源县的畜牧业是以生猪为主的畜牧业，是云南省的商品猪基地县之一。在大河猪中心产区的大河、营上镇一带，历来就是销售仔猪的地区。农村饲养繁殖的仔猪一般都集中到当地集市售卖，本地和外地仔猪运销商户又将这里的仔猪运往云南的曲靖、沾益、陆良、宣威和贵州的盘县、兴义等地销售，故大河猪在历史上的辐射面相对较广，村民们自然而然形成了以养母猪繁育出售仔猪为主的习惯。至于猪肉产品，除极少量吃鲜肉外，其余都做成腌腊制品，主要有腌火腿、腌腊肉、腌排骨等粗加工产品，长期以来，人们也习惯于消费这些产品。后来随着"家电下乡"，农村家庭冰箱逐渐增多，食用冰箱冷冻保存猪肉的人逐步增加，并且随着农村猪肉流通市场的发展，一些大的村落出现了专门杀猪卖肉的商人，有了用"五小"车辆走村串寨卖鲜猪肉的流动商人，农村市场活跃了，只要有钱几乎常年可以吃上鲜肉，腌腊制品的数量渐有减少。利用大河猪成功培育出的大河乌猪，已经成为市场的新宠。为做大做强大河乌猪产业，富源县政府制定出台了养殖扶持、猪肉产品加工龙头企业扶持等一系列扶持发展政策，生猪养殖进一步壮大的同时，猪肉产品加工企业也得到了发展，产品研究开发渐渐深化。20世纪末期的几年，富源县畜牧局研发生产了多种片状、块状真空包装精制的"富云"牌大河乌猪火腿，1999年荣获第五届中国国际食品博览会"中国名优食品"奖。2004年以来，云南东恒经贸集团有限公司利用富源畜牧局的研发成果，进一步发展壮大火腿等猪肉产品研发与加工，并建立了自己的养殖基地和屠宰加工车间、冷却冷冻车间、火腿腌制车间、火腿系列产品精加工车间、西式发酵肉生产车间等生产流水线，聘请食品行业的专家，组建研发技术团队，围绕大河乌猪产品开发，生产了鲜肉、冻肉、火腿、发酵肉四类产品；围绕大河乌猪火腿的精深加工，研发生产了色、香、味、形俱佳的打开即食和烹调再食两大系列30多个品种的火腿精深加工产品；为满足不同人群的消费需求，在开发传统中式类产品的同时，又研发了西式风干类和西式低温类产品，并研发生产了中、西式灌肠类和酱卤类产品。在冷鲜肉方面，研发生产了鲜肉、冻肉40余个品种。这些猪肉产品经多年的市场开拓，已经逐步受到人们的欢迎，并逐渐成为人们的消费习惯。

在畜产品市场消费中，除火腿、腌腊制品外，富源人向来喜欢吃猪肉和羊

肉，特别是火锅类的"酸菜猪脚""酸菜红豆猪脚""清汤羊肉""黄焖羊肉"等，这些特色餐饮不仅在富源县内市场活跃，还拓展到曲靖市的麒麟区、沾益县等周边县及昆明和贵州的盘县、兴义等地，也渐受人们欢迎。

第三节　大河猪品种形成的历史过程

一、产区相关考古发现

1986年，大河猪的中心产区大河镇茨托村的癞石山洞穴中发现了大量的哺乳动物骨骼化石，后被确定为古文化遗址。1998年地质专家刘经仁和刘肃昆现场考察时发现石制品及动物化石，确定为旧石器时代遗址。2000年和2002年，云南省文物考古研究所分别组织了两次小规模的发掘，发现大量石制品、动物化石、人牙化石和原始人的用火遗迹——灰坑、石铺地面等丰富的遗迹遗物。2005年，考古工作者对此进行了研究和对比，得出初步结论：动物群多在下部层位，上部层位较少，初步鉴定有猕猴、东方剑齿象、鬣狗、黑熊、虎、中国犀、巨貘、水鹿、鹿、牛、野猪、羊、豪猪、竹鼠等；两个层位均发现有人类牙齿化石。据考古专家介绍，出土的石器包括各种砍砸器和切割工具，大小不一，材料多样，硬度大，易加工的石料都被采用了，说明当时的人类对石料已经有了较强的鉴别能力。首期发掘中，又新发现一个洞穴，故把先后发现的两个洞穴分别编为一号洞和二号洞。两个洞穴共发现石器制品300多件，动物群化石1 000多件。专家们发现动物化石多保存单颗牙齿，头后骨骼极为破碎，很少有完整的肢骨，反映了这一时期的人类敲食骨髓，过着以狩猎为主兼采集的生活。

从大河镇癞石山旧石器时代遗址发现的野猪化石，说明大河及周边一带很早就有家猪的前身——野猪。人类通过对野猪的早期选择与驯化，慢慢形成家猪。由于是在富源县大河镇癞石山旧石器时代遗址发现野猪骨骼化石，驯养发展工作也应在大河一带，如今大河猪的起源也应在这一带，故大河猪的祖先可能是大河一带的野猪。

二、大河猪形成历史

因缺乏史料，对大河猪的整个驯养发展过程无系统的记载。而大河猪最先源于大河一带的野猪，通过先人们的驯化养殖，慢慢得到发展形成家猪是可能的。据《富源县志》记载，富源养猪历史悠久，至今已有 2000 多年的历史。早在西汉元鼎六年（公元前 111 年）前，当地就已经养猪（前到什么时候，无史料记载，无从考究）；明朝洪武年间（1368—1398 年），养猪已具有一定的规模；清朝康熙年间（1662—1722 年），"猪则全县居民挨家畜养"，养猪已是人们肉食供应和经济来源的主要途径之一。随着时代的变迁和社会的发展，到了民国年间，富源大河猪的饲养量进一步增多，1918 年，存栏 26 312 头，1945 年存栏达 43 800 头。中华人民共和国成立后，在共产党和人民政府的领导和重视下，大河猪的发展速度进一步加快，1952 年达 6.26 万头，1957 年达 7.49 万头，1965 年达 11.50 万头，1973 年达 15.5 万头。大河猪在当地群众长期自繁、自养、自选、培育、发展的基础上，1975 年建立了专门开展大河猪保种选育的大河种猪场。建场后，从当地农村选购体型较好的大河猪公、母猪组建基础群体，开展了提纯复壮选育工作。1987—1993 年，由云南农业大学连林生教授主持，开展了大河猪火毛快长系的选育研究和提高大河猪瘦肉率研究两个课题，通过研究，进一步统一了大河猪的毛色，提高了瘦肉率等。1993 年以来又一直坚持大河猪群体继代保种选育。大河猪就是这样经过野猪驯养以及在当地人民长期自选、自繁、自养、培育和畜牧专家、教授、技术人员的辛勤研究及持续选育下形成并保存至今的。

三、大河猪名称的认定

历史上大河猪一直是地方上的叫法，没有得到国家和行业的认定，直到 1979 年，国家进行畜禽品种资源普查，西南调查组认为，大河猪应该与生长在贵州威宁、赫章一带的柯乐猪和生长在四川大小凉山和金沙江流域一带的凉山猪一道合并命名为乌金猪，原因是它生长在乌蒙山系和金沙江流域一带，故应统一认定为乌金猪。1981 年，曲靖地区第一部畜禽品种志《曲靖地区畜禽品种志》把大河猪正式收录到该志书；1986 年，《中国猪品种志》把大河猪写成乌金猪（大河猪），收录入该志书；1987 年，大河猪被收录到《云南省家畜家禽品种志》；2000 年 8 月 22 日，农业部把乌金猪（大河猪）定为地方资源保护品种；2006 年被列入《国家级畜禽遗传资源保护名录》；2006 年以来，经再一次全国畜禽遗传资源普查，还把大河猪列为乌金猪收录到 2011 年出版的《中国畜禽遗传资源志·猪志》中；2014 年再次被列入《国家级畜禽遗传资源保护名录》；2015 年，《云南省畜禽遗传资源志》把大河猪列为乌金猪的类群之一。

四、大河猪数量及分布范围变迁

1973 年，富源全县饲养的猪几乎都是大河猪，存栏量达 15.44 万头，其中能繁母猪 9 650 头，仅大河镇的格宗、起堡、庵子冲 3 个大队（今村民委员会）就有大河猪能繁母猪 1 191 头。1974 年普查时，仅大河、营上 2 个公社就有能繁母猪 9 100 多头，占全县能繁母猪的 45.5％。1980 年，全县存栏大河猪能繁母猪 1.04 万头；1991 年为数量最多的年份，存栏大河猪能繁母猪达 1.24 万头。此后，随着外地优良猪种引种改良工作的推进，大河猪的存栏量逐步减少，1995 年存栏大河猪能繁母猪降为 1.09 万头，到 2000 年降为 9 120 头，2005 年降为 2 750 头。2006 年畜禽遗传资源普查时，富源全县只有大河猪 895 头，其中母猪 869 头、公猪 26 头，分布在大河、营上、竹园、墨红等 4 个乡镇的 18 个村委会比较偏僻的 60 个自然村 775 个养殖户和大河种猪场。其中大河种猪场有保种场核心群 7 个家系，公猪 26 头、母猪 74 头；自然保护区有母猪 366 头；非自然保护区有母猪 429 头。到 2010 年，富源全县仅有大河猪 441 头，其中母猪 397 头、公猪 44 头，分布在：大河种猪场有保种核心群 8 个家系，公猪 32 头（含后备公猪 9 头）、母猪 185 头（含后备母猪 58 头）；扩繁保种场有 4 个家系，公猪 12 头、母猪 31 头；大河、营上、竹园、墨红等 4 个乡镇 10 个村委会的 31 个自然村的 176 个养猪户中有大河猪 224 头（全为母猪）。"十二五"期间，当地进一步加大了大河猪的保种工作力度，大河猪存栏数有所回升。2011 年，建成大河镇辉煌养殖场、竹园镇富纳养殖场 2 个大河猪纯繁保种场，增加大河猪存栏 61 头，其中公猪 12 头、母猪 22 头、后备公猪 6 头、后备母猪 21 头。到 2015 年，富源全县大河猪存栏回升到 1 058 头，分布在：大河种猪场 8 个家系 217 头，其中种公猪 23 头、种母猪 127 头、后备公猪 9 头、后备母猪 58 头；大河镇辉煌养殖场、竹园镇富纳养殖场、竹园镇泰龙养殖场、墨红镇小洪山养殖场、墨红镇锦丰养殖场 5 个纯繁保种场有 8 个家系 341 头，其中种公猪 16 头、种母猪 200 头、后备母猪 125 头；划定的大河镇格宗、起堡、黄竹，竹园镇纳佐、糯木，墨红镇世依、鲁木克、法土等 8 个村委会大河猪自然保护区有 8 个家系种母猪 500 头。大河猪的数量经历了由少到多、再由多变少、又由少渐多的变迁，其分布范围也经历了由窄到宽、再由宽到窄、又由窄渐宽的变迁。

第二章
大河猪品种特征和性能

第一节　大河猪体型外貌

一、外貌特征

1. 体型特征　大河猪体格匀称，体质疏松，各部位结合良好。由于自然条件的差异及饲养管理条件和选种习惯的不同，体型分为大、中、小三种类型，大型称"大八卦"，中型称"二虎头"，小型称"油葫芦"。大型猪的主要特点是头大、耳大、身长，四肢粗壮，较晚熟，育肥猪一般要养到 2 岁左右。小型猪头小、耳小、身短，四肢短细，早熟，一般育肥猪养到 1 岁左右即可宰食。中型猪则介于二者之间。三种类型的被毛、鬃毛及皮肤均为火红色。群众将其共同的体型特征概括为："头上生八卦，嘴短脖子粗，后腿穿套裤，鼻梁三道箍，必是大河猪。"

2. 被毛颜色　大河猪毛色以红火毛和黑火毛为主要特征，被当地人称之为"火毛猪"，尤以红火毛独具特色，火毛又有深浅之别，色较深的称紫火，中等的称红火，较淡的称灰火。

大河猪的鬃毛除较其他被毛粗、硬、长外，颜色与全身被毛一样。肤色与毛色大体一致，黑火毛的肤色为黑色，紫火毛和红火毛的肤色为红色，灰火毛的肤色为灰色。由于当地群众对火毛的偏爱，选留火毛猪作种的较多。据 1976 年云、贵、川三省联合调查，在 1 288 头猪中黑火毛占 60.71%，红火毛占 28.65%，"六白"占 10.64%。曲靖地区群众认为火毛猪的油多、肉香而嫩，它的肉和油可以作为"药引"，且是腌制火腿的上等原料。由于群众的长期定向选育，多年来红火毛猪在曲靖地区有不断增长的趋势。其中富源大河猪中红毛猪的增长比例更大，1958 年原西南农业科学研究所调查时红火毛只占 23%，而

11

1973年调查时已上升到60.4％，到1990年种畜资源普查鉴定时已上升到70％。现保种场及保种区农户饲养的大河猪中90％为红火毛、10％为黑火毛。

3. 头部特征　大河猪头中等大小，头型中等宽深。颜面微凹，额部有正、倒"八"字形组成的菱形深皱纹，俗称"八卦头"。鼻嘴粗大，嘴筒短直，端部有三道纹，俗称"三道箍"。耳中等大并下垂，脖子较粗。2岁以上公猪开始长出短的獠牙。

4. 躯干特征　躯干中等长，背腰微凹，腹微圆，腹部下垂而不拖地。臀部中等丰满、倾斜，后躯高于前躯，尾粗而下垂并有尾梢，尾中等长而尾根低，尾长30cm左右。

5. 乳头及睾丸　母猪乳头中等大，排列整齐对称，但数量较少，一般只有5～6对［乳头（11.7±1.25）个］（表2-1）；公猪睾丸不发达，外观不凸出。

表2-1　572头乌金猪（大河猪）母猪乳头数调查情况

乳头数（个）	10	11	12	13	14	15	16	17	18
头数（头）	243	17	201	21	72	10	7	—	1
占总数（％）	42.48	2.97	35.14	3.67	12.59	1.75	1.22	—	0.17

6. 四肢特征　四肢粗壮、结实，肢势正常，蹄质坚实，后腿皮肤有2～3道明显皱褶，俗称"穿套裤"。

7. 骨骼及肌肉发育情况　骨骼粗壮结实，肌肉发育适中。

二、体重和体尺

1976年曲靖市种畜资源普查鉴定，大河猪体尺、体重数据如下。

1. 体重

（1）初生重　公猪（0.86±0.04）kg，母猪（0.75±0.02）kg。

（2）2月龄重　公猪（11.84±0.45）kg，母猪（11.05±0.33）kg。

（3）4月龄重　公猪（21.90±0.61）kg，母猪（25.35±0.66）kg，4月龄后公猪生长发育落后于母猪。

（4）6月龄　公猪体重（37.01±1.58）kg，体长（91.78±1.66）cm，胸围（78.06±1.75）cm，体高（45.22±0.64）cm；母猪体重（47.97±0.59）kg，体长（96.69±0.78）cm，胸围（85.71±0.88）cm，体高（46.35±0.43）cm。

（5）成年体重　公猪为48.24kg，母猪为69.52kg。

2. 体尺 成年母猪平均体高 59.95cm，体长 109.70cm，胸围 96.97cm；成年公猪平均体高 53.7cm，体长 94.6cm，胸围 83.6cm。

据 1989 年曲靖市种畜资源普查鉴定数据，共测定乌金猪（大河猪）公猪 609 头，其不同年龄阶段的平均体尺、体重详见表 2-2。

表 2-2 乌金猪（大河猪）不同年龄段主要体尺和体重（1989 年测定）

年龄	测定头数	体高（cm）	体长（cm）	胸围（cm）	体重（kg）
1 岁以下	122	46.02±8.72	76.96±14.21	68.15±12.77	28.86±14.20
1~2 岁	221	55.43±8.98	93.71±15.65	83.69±15.15	49.32±22.41
2~5 岁	255	61.92±8.46	105.25±17.06	94.89±15.78	68.55±29.79
5 岁以上	11	69.78±6.63	122.91±12.60	110.45±l2.79	101.75＋27.79

另据富源大河种猪场测定，3 头成年公猪平均体高 75.0cm、体长 139.3cm、胸围 124.0cm，体重 125.3kg；50 头成年母猪相应为 63.50cm、119.05cm、109.55cm 和 98.85kg。

1989 年测定的数值比 1976 年的高，国营种猪场测定的数值比农村的高，这证明由于饲养管理条件的限制，大河猪尚未充分发挥其遗传潜力。

随着社会、经济的发展，农村养猪科技水平的提高，大河猪的体重、体尺比 1973 年和 1976 年的测定有了很大提高。在大河种猪场科学培育条件下，大河猪体重、体尺增幅更为明显，大河种猪场 6 月龄后备公、母猪体尺、体重测定见表 2-3。

表 2-3 富源县大河种猪场 6 月龄后备公、母猪体尺、体重

性别	测定头数	体重（kg）	体长（cm）	体高（cm）	腿臀围（cm）
公	17	45.20±9.37	92.06±7.49	51.43±6.41	71.14±7.02
母	50	55.91±6.53	97.14±6.13	52.11±4.32	77.84±5.20

大河种猪场成年公、母猪体重和体尺见表 2-4。

表 2-4 富源县大河种猪场成年公、母猪体重和体尺

性别	年龄（岁）	平均年龄（岁）	测定头数	体重（kg）	体长（cm）	胸围（cm）	体高（cm）
公	2~4	2.06	8	142.4±6.20	144.0±3.20	126.9±5.10	72.3±3.20
母	2~5	2.50	20	103.6±22.05	135.1±6.32	109.3±11.39	62.3±6.20

农村大河猪公、母猪体重和体尺见表 2-5。

表 2-5 富源县农村大河猪公、母猪体重和体尺

性别	年龄（岁）	平均年龄（岁）	测定头数	体重（kg）	体长（cm）	胸围（cm）	体高（cm）
公	2～4	2.50	22	124.2±7.86	136.9±5.31	121.4±3.17	70.9±1.76
母	2～18	4.80	74	91.6±15.9	124.2±10.16	110.3±17.00	63.4±4.10

2006 年，由曲靖市畜禽改良工作站、富源县畜禽改良工作站、富源县大河种猪场组织的测定工作在大河种猪场开展。选择正常饲养条件下的 22 头 24 月龄以上成年公猪和 57 头产 3 胎以上成年母猪进行体重、体尺测量，结果见表 2-6。

表 2-6 大河猪体重和体尺

性别	头数	体重（kg）	体长（cm）	胸围（cm）	体高（cm）
公	22	133.90±14.83	134.27±4.62	118.81±5.18	67.18±3.04
母	57	110.98±25.81	128.56±9.37	115.84±11.33	63.28±4.89

第二节 大河猪生物学习性

大河猪性成熟早、繁殖力强、肉质好，但其饲料报酬低、生长慢。

种猪场饲养的大河猪公猪平均 82 日龄性成熟，152 日龄初配，利用年限 4 年左右。群众饲养的大河猪公猪 30 日龄前后就有爬跨行为，3～4 月龄时即可用于配种，有的甚至更早。20 世纪 70—80 年代，在曲靖地区农村，尤其是山区，群众多有使用断奶小公猪配种的习惯，待母猪受孕后即将小公猪去势育肥。

母猪约 90 日龄性成熟，3 月龄前后初次发情，在 186 日龄、体重 40～50kg 时进行初配，利用年限 6 年左右。发情周期 21d，发情持续期 3～4d，妊娠期 114d。乳头数少，一般 5～6 对，产仔数少。20 世纪 70—80 年代的农村，群众一般在母猪第三次发情、4～6 月龄、体重 20～30kg 时进行初配，一般利用 5～6 年，长者达 13 年。

大河猪有耐粗饲的特性。20 世纪 70—80 年代富源县大部分农户的饲养方式仍然是有啥喂啥，多以胡萝卜、白萝卜、马铃薯、芭蕉芋、野猪草和粗糠为主，煮熟后加少许玉米面作为猪饲料饲喂。母猪一般于分娩前 10d 或 15d 和哺乳期才加喂少许精饲料，精粗比为 1∶6 左右。仔猪生后 20d 左右开始补喂豌豆、荞麦、小杂豆等。

20 世纪 90 年代及以后大部分农户开始从市场购买仔猪料用于补饲。

农村饲养条件下多采取"吊架子"方法进行育肥猪的育肥工作，但生长较慢。吊架子阶段饲料精粗比一般为 1∶6，催肥阶段增加精饲料用量，精粗比一般达到 1∶3 左右，1.5 岁出栏，出栏时仅有 120kg。

大河猪性情温驯，较易饲养管理，适应性强。农村多以舍饲为主，一些山区也有季节性放牧的习惯。大河猪在粗放饲养条件下能适应高寒山区、半山区及河谷区等不同的自然气候，分布广且生长良好。

第三节　大河猪生产性能

一、繁殖性能

据 2007 年对大河猪产区 6 个点 56 头大河猪的调查，初产母猪窝产仔数 6～10 头，平均 7.35 头，窝产活仔数 7 头左右；经产母猪窝产仔数（10.13±1.16）头，窝产活仔数（10.09±1.55）头，初生窝重（7.86±1.57）kg，初生个体重（0.86±0.06）kg，45 日龄断奶体重（6.85±1.07）kg，断奶育成数 8.99 头，育成率 89.0%，泌乳量（20.36±3.15）kg。据 1989 年曲靖市种畜资源普查鉴定数据：大河猪母猪头胎产仔数一般为 5～6 头，二胎为 6～8 头，三胎起基本稳定，为 8～10 头。据云南省畜牧兽医研究所测定，1～3 胎仔猪的成活率分别为 98.2%、99.2% 和 98.4%。初生重一般为 0.5～0.7kg。20 日龄窝重为 15～20kg，可见泌乳量不高，随饲养条件及母猪胎次等而异。60 日龄断奶窝重，初产为 41.05kg，经产为 50.05kg；60 日龄个体重，初产为 9.29kg，经产为 8.26kg。

二、生长性能

初生重公猪（0.86±0.04）kg，母猪（0.75±0.02）kg。6 月龄公猪体重（45.2±9.37）kg、体长（92.06±7.49）cm、体高（51.43±6.41）cm；6 月龄母猪体重（55.91±6.53）kg、体长（97.14±6.13）cm、体高（52.11±4.32）cm。成年公猪体重（142.4±6.20）kg、体长（144.0±3.20）cm、胸围（126.9±5.10）cm、体高（72.3±3.20）cm；成年母猪体重（103.6±22.05）kg、体长（135.1±6.32）cm、胸围（109.3±11.39）cm、体高（62.3±6.20）cm。生长曲线分别见图 2-1 和图 2-2。

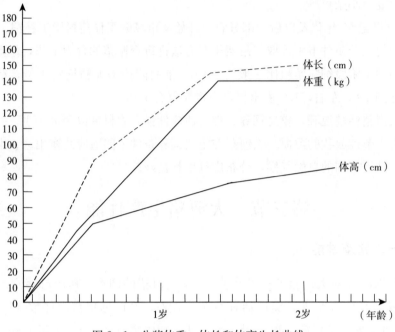

图 2-1　公猪体重、体长和体高生长曲线

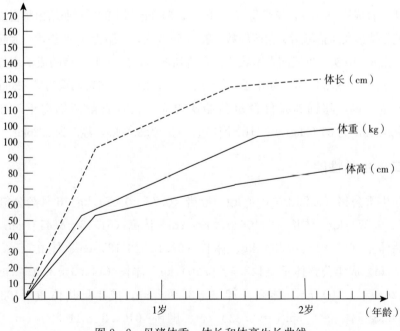

图 2-2　母猪体重、体长和体高生长曲线

三、育肥性能

2003 年，大河种猪场对 10 头阉公猪进行育肥试验，从平均体重（22.45±2.29）kg 开始育肥，育肥期平均 138.25d，育肥期结束平均体重（84.80±7.38）kg，平均日增重（451±60）g，料重比 4.5∶1。

农村一般都采用"吊架子"育肥，一年出栏的肉猪，自仔猪断奶后两三个月为小猪期，架子期半年左右，最后催肥三四个月出栏。当地农民一般要饲养至 12～18 月龄，体重达 120kg 左右出栏。由于饲养粗放，营养水平低，增重缓慢。有的育肥期长达 18～24 月龄，体重 120～160kg 才出栏，全育肥期平均日增重不到 200g。

四、屠宰性能

经对 12 头 240 日龄、85kg 左右育肥阉公猪进行屠宰性能测定，结果见表 2-7。

表 2-7 大河猪屠宰性能

宰前活重（kg）	胴体重（kg）	屠宰率（%）	6～7 肋背膘厚（mm）	平均背膘厚（mm）	皮厚（mm）
85.86±7.39	62.39±5.61	72.68±2.81	43.90±0.50	44.10±0.06	16.07±2.70

眼肌面积（cm²）	脂率（%）	瘦肉率（%）	皮率（%）	骨率（%）
42.14±2.24	30.03±1.55	42.14±2.24	30.03±1.34	7.63±0.68

五、肉质性能

1. 肌肉化学成分　2006 年，曲靖市畜禽改良工作站、富源县畜禽改良工作站、富源县大河种猪场屠宰测定 14 头阉公猪后取样送云南省种猪性能测定站进行肌肉化学成分检测，结果见表 2-8。

表 2-8 大河猪肌肉化学成分

水分（%）	干物质（%）	粗蛋白（%）	粗脂肪（%）	粗灰分（%）	热量（MJ/kg）
72.16±1.27	27.84±1.27	21.62±0.88	4.87±1.42	1.02±0.07	6.98±0.60

2. 肉质性状　2003 年对 10 头 85kg 阶段 240 日龄左右育肥阉公猪进行屠

宰性能测定，经现场测定和实验室分析，主要肉质性能指标见表2-9。

表2-9　大河猪主要肉质性状

肉色 (L1)	肉色 (L2)	肉色 (a1)	肉色 (a2)	肉色 (b1)	肉色 (b2)	pH1	大理石纹 (5分制)	失水率 (%)	滴水损失率 (%)
39.11	40.44	9.46	9.43	2.93	3.73	6.8	3.50	10.92	2.19
±2.29	±3.28	±3.86	±3.36	±0.76	±1.25	±0.1	±0.63	±2.57	±0.42

3. 胴体品质　大河猪肉质细嫩，肉味清香可口，屠宰率一般在70%左右，膘厚4～5cm，腹脂约占胴体12%，胴体中瘦肉占40%左右。屠宰率、膘厚和胴体中脂肪比例随体重增加而增加，瘦肉率则随体重增加而减少。1975—1979年云、贵、川三省调查报告和试验资料，大河猪在不同体重阶段的瘦肉率见表2-10。

表2-10　大河猪不同体重范围的胴体瘦肉率

宰前体重（kg）	56～60	60～70	70～80	80～90	90～100	100～150	150～200
瘦肉率（%）	47.22	45.66	43.66	41.39	42.98	39.14	31.93

目前大河猪品种标准正在制定中，大河猪和大河乌猪相关产品已经形成一系列的企业标准，如东恒集团经贸集团食品有限公司的《大河乌猪火腿酱》和云南富源金田原农产品开发有限责任公司的《大河乌猪火腿》等标准。

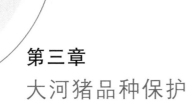

第三章
大河猪品种保护

第一节　大河猪保种概况

一、保种场

（一）保种场的位置和条件

富源县大河种猪场又称乌金猪（大河猪）保种场，地处云南省曲靖市富源县大河镇，距富源县城 20km，距大河镇政府 5km，距 205 省道 600m。种猪场始建于 1973 年，占地约 33hm²，坐落在一个三面环山的山坳里，形成了一个天然的防疫隔离屏障，自然环境条件十分优越。大河种猪场于 2008 年列为第一批国家级畜禽遗传资源保种场。

（二）保种场规模、设施和技术力量

1. 规模　大河猪保种场 2015 年末存栏乌金猪（大河猪）8 个家系公猪 23 头、母猪 127 头；大河乌猪 12 个家系公猪 24 头、母猪 613 头，其中核心群 303 头、扩繁群 310 头。年可向社会提供大河乌猪和杜大（杜洛克猪×大河猪）母猪 5 000 头，商品仔猪 7 000 头，商品肥猪 1 000 头。

2. 设施　现有职工住房、办公楼、饲料加工车间、饲料仓库各 1 幢，猪舍 22 幢，其中简易母猪舍 14 幢，高床笼养母猪分娩舍 2 幢；仔猪保育舍 2 幢，育肥猪舍 3 幢，隔离猪舍 1 幢；大河猪保种区建有猪舍 6 幢 130 间；测定猪舍有美国奥斯本种猪生长性能自动测定系统 5 套。

3. 技术力量　保种场现有正式职工 14 人，临时工 14 人。其中取得中高

级技术职称的 5 人，占正式职工总数的 36%；大专以上学历 5 人，中专学历 9 人，场长、副场长均为大专以上学历，并取得中级技术职称和上岗合格证。

二、扩繁场

（一）富源县大河镇辉煌养殖场

地处云南省曲靖市富源县大河镇起堡村。整个猪场坐落在一个半坡山坳里，占地约 0.53hm²，防疫隔离条件好，自然环境条件优越。辉煌养殖场建于 2008 年，自 2010 年起承担乌金猪（大河猪）扩繁保种任务，现有乌金猪（大河猪）2 个家系公猪 4 头、母猪 18 头；有后备公猪 2 头、后备母猪 6 头。现有职工住房、办公用房、饲料加工房、饲料仓库、猪舍 42 间，有猪人工授精器械、兽医防疫设备、饲料加工设备、种猪测定设备等 19 件（套）。养殖场现有职工 8 人，其中畜牧师 1 人、技术员 1 人、畜禽养殖中级工 2 人。

（二）富源县竹园镇富纳养殖场

地处云南省曲靖市富源县竹园镇纳佐彝族自治村民委员会。富纳养殖场建于 2009 年，自 2010 年起承担乌金猪（大河猪）扩繁保种任务，整个猪场坐落在纳佐营盘山上，周边 3km 范围内无村庄和工矿企业，防疫隔离条件好，自然环境条件优越。现有乌金猪（大河猪）3 个家系公猪 6 头、母猪 24 头；有后备公猪 3 头、后备母猪 9 头。有职工住房、办公用房、饲料加工房、饲料仓库、猪舍 52 间，有猪人工授精器械、兽医防疫设备、饲料加工设备、种猪测定设备等 21 件（套）。职工 10 人，其中畜牧师 1 人、助理兽医师 1 人、畜禽养殖中级工 3 人。

（三）富源县大河镇新兴乌猪扩繁场

新兴乌猪扩繁场地处云南省曲靖市富源县大河镇大河村委会花松山村。扩繁场建于 2006 年，占地 0.8hm²，整个猪场坐落在三面环山的山坳里，防疫隔离条件好，自然环境条件较为理想。现有大河乌猪 2 个家系公猪 4 头、母猪 203 头，年扩繁生产大河乌猪种母猪 1 500 头，生产商品仔猪 2 000 头，出栏商品肥猪 1 000 头。有职工住房、办公用房、饲料加工房、饲料仓库，有母猪分娩舍 52 间、仔猪保育舍 46 间、其他猪舍 86 间，有猪人工授精器械、兽医防疫设备、饲料加工设备、种猪测定设备等 16 件（套）。职工 15 人，其中畜牧师 1 人、兽医师 1 人，畜禽养殖中级工 6 人、初级工 4 人。

（四）富源县信发牧业有限责任公司大河乌猪扩繁场

信发牧业有限责任公司扩繁场地处云南省曲靖市富源县大河镇铜厂村委会杨家山村，建于 2007 年，占地约 1.53hm²，整个猪场坐落在大扒公路附近的半山坳里，周边山林茂盛，防疫隔离条件好，自然环境条件十分优越。现有大河乌猪公猪 6 头、母猪 211 头，年扩繁生产大河乌猪种母猪 1 500 头，商品仔猪 2 000 头，出栏商品肥猪 1 000 头。有职工住房 360m²，办公用房 90m²，饲料加工房 105m²，饲料仓库 430m²，有母猪分娩舍 300m²，仔猪保育舍 300m²，其他猪舍 1 800m²，有猪人工授精器械、兽医防疫设备、饲料加工设备、种猪测定设备等 23 件（套）。职工 17 人，其中畜牧师 2 人、助理兽医师 1 人、兽医技术员 1 人，畜禽养殖中级工 6 人、初级工 3 人。

（五）富源县大河镇白岩乌猪扩繁场

白岩乌猪扩繁场地处云南省曲靖市富源县大河镇白岩村委会白岩村，建于 2007 年，占地约 0.87hm²，整个猪场坐落在白岩村大龙潭，四面环山，防疫隔离条件好，自然环境条件十分优越。现有大河乌猪公猪 5 头、母猪 204 头，年扩繁生产大河乌猪种母猪 1 500 头，生产商品仔猪 2 000 头，出栏商品肥猪 1 000 头。有职工住房、办公用房、饲料加工房、饲料仓库，有母猪分娩舍 50 间、仔猪保育舍 50 间、其他猪舍 73 间，有猪人工授精器械、兽医防疫设备、饲料加工设备、种猪测定设备等 20 件（套）。职工 15 人，其中助理畜牧师 2 人、技术员 2 人，畜禽养殖中级工 4 人、初级工 3 人。

（六）富源县古敢沙云大河乌猪扩繁场

古敢沙云大河乌猪扩繁场地处云南省曲靖市富源县古敢水族乡沙云村委会沙云村，建于 2007 年，占地约 0.73hm²，周边是蔬菜基地，粪污处理利用较为方便，防疫隔离条件好，自然环境条件好，区位优势明显。现有大河乌猪公猪 6 头、母猪 210 头，年扩繁生产大河乌猪种母猪 1 500 头，生产商品仔猪 2 000 头，出栏商品肥猪 1 000 头。有职工住房、办公用房、饲料加工房、饲料仓库，有母猪分娩舍 50 间、仔猪保育舍 50 间、其他猪舍 80 间，有猪人工授精器械、兽医防疫设备、饲料加工设备、种猪测定设备等 20 件（套）。职工

17 人，其中畜牧师 1 人、兽医员 2 人，畜禽养殖中级工 4 人、初级工 6 人。

（七）富源县黄泥河镇鸡场乌猪扩繁场

黄泥河镇鸡场乌猪扩繁场地处云南省曲靖市富源县黄泥河镇庆口村委会鸡场村，建于 2008 年，占地 1hm²，猪场周边是荒山疏林地和耕地，粪污处理利用比较方便，周边 3km 范围内无村庄和工矿企业，防疫隔离条件好，自然环境条件好，区位优势明显。现有大河乌猪公猪 4 头、母猪 204 头，年扩繁生产大河乌猪种母猪 1 500 头，生产商品仔猪 2 000 头，出栏商品肥猪 1 000 头。有职工住房、办公用房、饲料加工房、饲料仓库，母猪分娩舍 50 间、仔猪保育舍 50 间、其他猪舍 83 间，购置有猪人工授精器械、兽医防疫设备、饲料加工设备、种猪测定设备等 16 件（套）。

（八）富源县元亨牧业开发有限公司后所大河乌猪扩繁场

该扩繁场地处云南省曲靖市富源县后所镇外后所村委会高江坪，建于 2010 年，占地 0.8hm²，猪场周边是林地和耕地，粪污处理利用比较方便，周边 1km 范围内无村庄和工矿企业，防疫隔离条件好，自然环境条件好，区位优势明显。现有大河乌猪公猪 4 头、母猪 200 头，年扩繁生产大河乌猪种母猪 1 500 头，生产商品仔猪 2 000 头，出栏商品肥猪 1 000 头。有职工住房、办公用房、饲料加工房 60m²、饲料仓库，有母猪分娩舍 50 间、仔猪保育舍 50 间、其他猪舍 71 间，购置有猪人工授精器械、兽医防疫设备、饲料加工设备、种猪测定设备等 18 件（套）。职工 16 人，其中畜牧师 1 人、兽医师 1 人，畜禽养殖中级工 4 人、初级工 4 人。

三、保护区

（一）保护区的范围

云南省曲靖市富源县大河镇起堡村委会，富源县竹园镇纳佐村委会、糯木村委会，富源县墨红镇摩山村委会、世依村委会 5 个村委会为乌金猪（大河猪）自然保护区；富源县大河种猪场位于富源县大河镇境内，是第一批国家级畜禽遗传资源保种场，是乌金猪（大河猪）核心群场，承担乌金猪（大河猪）核心群保种选育任务，属于保护区范围。

（二）乌金猪（大河猪）保护区建设

1. 建设目标

（1）保种核心群场（富源县大河种猪场）　通过 3 年建设，达到保持饲养乌金猪（大河猪）8 个家系公猪 16 头、母猪 120 头；年培育核心群后备公猪 6 头、后备母猪 30 头；年纯繁继代生产乌金猪（大河猪）种公、母猪 300 头，杂交生产商品猪 1 200 头。

（2）养殖小区（8 个）　通过 3 年建设，达到存栏乌金猪（大河猪）8 个家系公猪 16 头，能繁母猪 200 头；年培育后备母猪 125 头。

（3）自然保护区　通过 5 年建设，达到存栏乌金猪（大河猪）能繁母猪 2 000 头以上。

2. 建设内容

（1）核心群场建设　在原有乌金猪（大河猪）核心群保种区基础上，在大河种猪场内新建一个保种新区。

（2）5 个制种纯繁点建设　在自然保护区建设的初期（2016—2018 年），在自然保护区兴建 5 个纯繁制种点，即大河镇辉煌养殖场、竹园镇富纳养殖场、墨红镇锦丰养殖场、竹园镇纳佐村委会纳佐村和竹园镇泰龙养殖场，以保证后期乌金猪（大河猪）养殖小区和保护区农户养殖猪源供给。

（3）8 个养殖小区建设　8 个养殖小区分两批建设完成，2016—2018 年新建墨红镇鲁木克村委会小戛拉村养殖小区、墨红镇摩山村委会摩山村养殖小区、竹园镇纳佐村委会老纳佐村养殖小区和竹园镇糯木村委会小下村养殖小区；2018—2019 年由制种纯繁点转为养殖小区的 4 个，即大河镇辉煌养殖场养殖小区、竹园镇富纳养殖场养殖小区、墨红镇锦丰养殖场养殖小区和竹园镇纳佐村委会纳佐村养殖小区。

（三）保护区管理制度

1. 划定乌金猪（大河猪）保护区　由富源县人民政府发布公告，划定乌金猪（大河猪）保护区及其管理办法。

（1）富源县大河种猪场是第一批国家级畜禽遗传资源保种场，是乌金猪（大河猪）核心群场，承担乌金猪（大河猪）核心群保种选育任务。

（2）富源县大河镇起堡村委会，富源县竹园镇纳佐村委会、糯木村委会，富源县墨红镇摩山村委会、世依村委会等5个村委会为乌金猪（大河猪）自然保护区，自然保护区范围内政府倡导农户养殖乌金猪（大河猪）。

（3）乌金猪（大河猪）核心群场和自然保护区统属保护区范围，保护区内的乌金猪（大河猪）属国家保护的地方优良猪种，受《中华人民共和国畜牧法》《中华人民共和国种畜禽管理条例》等相关法律、法规的保护，任何组织、单位和个人均无权向保护区以外的地区销售或赠送，违者将承担相应的法律责任。

（4）乌金猪（大河猪）种质遗传资源的开发利用，由富源县人民政府统筹规划、合理开发利用。乌金猪（大河猪）保护区由富源县农业（畜牧兽医）局依法行使行政监管职能，委托富源县大河乌猪研究所承担保种选育和开发利用职责。

（5）乌金猪（大河猪）保护区周边交通要道、重要地段，由富源县人民政府设立保护标志。

2. 制定切实可行的保护区管理责任制　成立项目实施小组，实行领导挂片、成员包干负责，按年度制定目标考核奖惩措施。

3. 保护区建设项目实施进度管理　大河、墨红、竹园畜牧兽医站安排有专职人员。

4. 聘请技术顾问　聘请云南农业大学动物科学技术学院、云南省家畜改良站、曲靖市畜禽改良站专家为常年技术顾问。

第二节　大河猪保种目标

一、保种原则

减缓保种群近交系数增量，保持保种目标性状不丢失、不下降。

二、保种数量

保存云南乌金猪（大河猪）核心群原种8个家系公猪16头、基础母猪120头。保护区存栏乌金猪（大河猪）能繁母猪2 000头以上。

三、保种性状

1. 体型外貌　头较大，嘴筒粗短，额宽，多有八卦形皱纹，耳中等下垂。体躯较窄，背腰平直，后躯较前躯略高，腹大不下垂。腿臀部较发达，大腿下部皮有皱褶，俗称"穿套裤"。四肢粗壮，蹄质坚实、直立。毛色有黑毛和火毛，少数有"六白"或不完全"六白"，符合"头上顶八卦、嘴筒三道箍、后腿穿套裤"。

2. 主要生产性能　产仔数 7～8 头，成年公、母猪体重分别为 70～80kg 和 90～100kg，育肥猪日增重 300～400g，胴体瘦肉率 40%～45%，肌肉脂肪含量 6.2%～7.5%，肉质优良。

四、保种目标

1. 总产仔数　（8.8±1.20）头。

2. 生长发育性状　6 月龄体重公猪（50.0±4.50）kg、母猪（60.0±5.51）kg，6 月龄体长公猪（95.0±3.22）cm、母猪（97.0±4.15）cm；成年猪体重公猪（85.0±3.14）kg、母猪（90.0±5.72）kg；成年猪体长公猪（110.0±3.40）cm、母猪（115.0±6.74）cm。

3. 主要育肥性状和屠宰性状

（1）主要育肥性状　达 90kg 上市体重日龄（230±8.14）d，日增重（450±60）g/d。

（2）屠宰性状　宰前活重（84.80±7.37）kg，屠宰率 72.68%±0.80%，瘦肉率 42.14%±0.60%，第 6～7 肋背膘厚（43.90±1.28）mm。

4. 独特性状　肉质好，肌肉脂肪含量 6.05%±0.89%，是制作云南火腿的上乘原料。

第三节　大河猪保种技术措施

一、保种核心群的配种方式

按血缘关系把母猪相应分成 8 组（亲缘关系近的分在一组），每年从 8 个组中随机等量抽取 3～4 头母猪，实行避免全同胞和半同胞的不完全随机交配制度，在自然保护区则实行完全随机交配。年内纯繁交配群体一旦确定，要在 1 个月之内完成全部母猪的配种受胎，保证分娩的整齐度，以利于后期测定和选种。

二、留种方法

配种方式确定后，留种方法就成为能否按保种目标保种的决定因素。留种

方法具体有：①制定科学的饲养管理及兽医防疫制度，尽量保证纯繁群体环境条件相对一致，以消除选种的环境偏差。②采取阶段选种法，仔猪 42 日龄断奶培育至 70 日龄时，根据产仔数、断奶窝重、个体重、毛色、外形特征进行第一次选择。6 月龄时根据后备猪生长发育测定结果，把体重、体长、腿围、乳头数综合成选择指数，根据指数大小并参照同胞育肥、屠宰测定和肌肉含脂率测定的资料信息进行终选。③在自然保护区内，以乳头数、产仔数和生长速度 3 个指标为测定重点，一旦发现有优秀个体就吸收到核心群中，进行进一步的繁殖性能测定，确定最终留种。

三、世代间隔

尽量减少保种工作的经济压力，按每年必须更换 25％种畜的要求，确定核心群保种世代间隔为 4 年，即每年选择 30 头母猪与 8 个家系的公猪交配，在其后代中留种，保证 25％的种群更换，第 4 年公猪留种换代，其余的 90 头母猪用于经济杂交。

按大河猪保种群规模公母比例为 1：7.5，采用家系等量留种方式，每世代群体近交系数增量 0.006 4。

四、保种核心群利用

具体有：①充分利用 4 年一个世代的保种空闲期，每年从核心群中抽出 90 头左右的母猪开展杜洛克猪与大河猪杂交制种，向农户提供优质"杜×大"母猪，在农户中开展"大约克夏猪×杜洛克猪×大河猪"三元杂交仔猪生产。②在自然保护区内，除抽出 25％搞纯繁外，其余的母猪纯度较高的部分母猪与杜洛克猪杂交生产优质"杜×大"杂种母猪，供给农户。纯度不高但繁殖性能好的母猪可直接按富源县定向改良模式，与英系大约克夏公猪杂交生产优质商品仔猪。

五、保种方式

1. 聘请专家进行技术指导　聘请云南省、曲靖市改良站的专家作技术指导，以富源县大河种猪场作为保种核心群场，在现有 8 个血缘公猪、123 头母猪群体的基础上，采取扩大繁殖与向外吸收优秀个体相结合，把保种核心群的群体规模稳定在母猪 120 头左右。

2. 做好自然保护区的保种工作　抓好大河、墨红和竹园 3 个乡镇 5 个村委会的自然保护区保种工作，采取点面（场、区）结合的动态保种方法进行乌金猪（大河猪）的保种。

3. 培育新血缘家系　针对大河猪保种群已保种 30 年，中间虽开放过 2 次，但猪群的血缘越来越窄，在也选不到较好的公猪的情况，在大河猪保护区选择农户饲养的优良的大河猪母猪 15 头与保种场公猪 3 头用逐代回交方式，连续进行 4～5 代回交，组建含有母猪血缘 93.5％～96.75％的新血缘公猪家系 2～3 个。2014 年已在竹园镇富纳养殖场、大河镇辉煌养殖场进行，由专人指导，5～6 年时间达到培育新血缘公猪家系的目的，以丰富保种群的遗传多样性。

4. 保种场建立连续完整的原始记录　包括配种记录、母猪生产哺乳记录（仔猪断奶时个体称重）、种公（母）猪卡、群体世代系谱、饲料消耗记录、防疫和诊疗记录等。在此基础上，建立和完善品种登记制度。

乌金猪（大河猪）保种及开发利用技术路线见图 3-1。

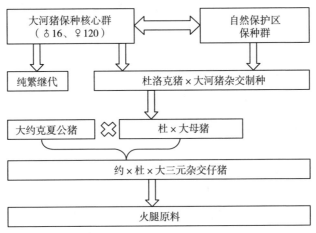

图 3-1　乌金猪（大河猪）保种及开发利用技术路线

第四节　大河猪性能测定

一、产仔哺育测定

测定初生、20 日龄、42 日龄和 70 日龄个体重，并对死胎、木乃伊胎等做详细记录，70 日龄测定和初选同步进行。

二、后备猪培育测定

公猪单栏饲养，母猪 3～4 头一栏，测定 4 月龄个体重，6 月龄个体重、体尺（包括体高、体长、腿臀围、胸围）、活体背膘厚和培育期料重比。

三、同胞育肥性能测定

每两年进行一次同胞育肥测定，一次测 32 头，记录始重、末重和料重比。

四、屠宰性能测定

每两年一次的同胞育肥性能测定结束时，抽取 8 头猪，即每个家系抽取 1 头同胞育肥猪进行屠宰性能测定和肉质分析。

第五节　大河猪种质特性研究

2007 年 7—8 月，由曲靖市畜牧局、富源县畜牧局、富源县大河种猪场、四川农业大学动物科技学院养猪研究室对富源县大河种猪场育肥测定结束的大河猪随机抽测 10 头，进行屠宰性能测定，测定内容主要包括胴体品质、肉质性能及其相关的生物化学与组织学指标。此外，还在现场采集样品的基础上进行了各测定个体几个重要基因的基因型测定。

一、胴体品质和产肉性能

10 头屠宰性能测定猪只的平均屠宰体重为（82.40±7.41）kg。从总体上看，其脂肪沉积能力强，左半胴体的平均皮脂重为（14.62±1.33）kg，占胴体重的 50.41%±2.38%，花板油占胴体重的比例为 19.489%±4.82%，三点（胸腰结合处、腰荐结合处和肩部最厚处）平均背膘厚度为（4.58±0.53）cm；眼肌面积平均为（15.43±1.48）cm^2，平均胴体瘦肉率为 42.06%±2.31%，腿臀比为 24.74%±1.83%；骨率为 7.53%±0.68%。

二、肉质性状

大河猪具有极佳的肉质性状（表 3-1），主要表现为：pH 较高，其宰后 45min 时的 pH_1 为 6.77±0.08，存储 24h 后的 pH_2 为 6.67±0.09；肉色鲜

红，于宰后 45min 和存储 24h 测定的肉色光反射值分别为（39.11±2.29）和
（40.44±3.28）；熟肉率较高，达到 77.82%±5.37%；口感风味和滋味好，
经评定小组主观口感性能评定，其总体品味评分达（6.13±0.48）分。此外，
其滴水损失率为 2.19%±0.42%，失水率为 10.92%±2.57%，大理石纹评分
为（3.50±0.63）分。

表 3-1　肉质性状测定结果

指　　标	数　　值
测定头数（头）	10
宰前活重（kg）	87.10±6.45
胴体重（kg）	62.85±4.63
屠宰率（%）	72.19±2.87
腿臀比（%）	24.74±1.83
等级肉比例（%）	80.83±1.25
瘦肉率（%）	42.06±2.31
大理石纹评分（分）	3.50±0.63
pH$_1$	6.77±0.08
pH$_2$	6.67±0.09
滴水损失（%）	2.19±0.42
失水率（%）	10.92±2.57
熟肉率（%）	77.82±5.37
品味评分（分）	6.13±0.48

三、生物化学指标

大河猪具有极强的脂肪沉积能力，其肉样中的平均粗脂肪含量为
6.05%±2.92%，干物质含量为 27.52%±1.22%，肌肉化学成分、氨基酸含
量，脂肪酸含量分别见表 3-2 至表 3-4。

表 3-2　肉样粗脂肪和干物质含量分析（$n=10$）

干物质 （%）	粗脂肪 （%）	用于计算氨基酸的干物 质含量（不含粗脂肪,%）	用于计算脂肪酸的 干物质含量（含粗脂肪,%）
27.52±1.22	5.00±1.95	25.76±0.93	25.40±1.44

注：分析方法为索氏脂肪浸提分析法，分析仪器为 Soxtec Avanti 2055 全自动脂肪分析仪。

表 3-3　肉样氨基酸分析（$n=10$）

氨基酸种类	氨基酸含量（%）
天门冬氨酸（Asp）	6.68±0.48
谷氨酸（Glu）	12.32±0.76
丝氨酸（Ser）	3.16±0.17
组氨酸（His）	3.01±0.45
甘氨酸（Gly）	3.86±0.71
苏氨酸（Thr）	3.40±0.19
精氨酸（Arg）	5.24±0.26
丙氨酸（Ala）	4.56±0.23
酪氨酸（Tyr）	2.90±0.22
缬氨酸（Val）	3.62±0.27
蛋氨酸（Met）	1.79±0.19
苯丙氨酸（Phe）	3.08±0.35
异亮氨酸（Ile）	3.70±0.43
亮氨酸（Leu）	6.81±0.52
赖氨酸（Lys）	6.95±0.42
脯氨酸（Pro）	2.57±0.25

注：分析方法为 OPA-FMOC 联用全自动分析法，分析仪器为美国惠普 HP 1100 系列。

表 3-4　肉样脂肪酸分析

脂肪酸种类	脂肪酸含量（%）
12：0	2.38
14：0	8.10±3.87
14：1	1.46±0.52
15：1	2.08
16：0	17.91±3.93
16：1	8.06±1.72
18：0	11.08±0.93
18：1	28.12±12.10
18：2	14.35±5.95
18：3	7.18±3.88
20：1	0.60±0.29
22：1	3.32±1.45

注：分析方法为 OPA-FMOC 联用全自动分析法。

四、肌肉组织学特性与基因检测

本次性能测定试验中采用石蜡组织切片法，观察测定大河猪与大河乌猪的肌纤维组织学特性。此外，还对两种重要基因：脂肪型脂肪酸结合蛋白基因（$A-FABP$ 基因）和钙离子释放通道基因（$RYRI$ 基因）的基因型进行了检测，测定结果如下：

（一）肌肉组织学特性

大河猪具有极其致密的肌纤维，且肌纤维极细，平均肌纤维面积仅（2 291.988±486.111）μm^2，平均长径为（63.808 5±7.318）μm，平均短径为（50.832 5±4.772）μm。

（二）基因检测

1. $RYRI$ 基因的检测　$RYRI$ 基因是一种已经明确的会使群体肉质下降并产生猪应激综合征而导致猪只个体突发性应激死亡的一种位于第 6 号常染色体上的隐性有害基因。在现行的猪育种方案中，普遍强调对育种群体中的阳性个体进行检测并予以淘汰。故本次检测试验中专门进行了个体的 $RYRI$ 基因型检测。检测结果表明，检测的所有个体都是 CC 纯合基因型个体，表明大河猪种群属于应激抵抗群体，这一结果是大河猪杂交推广利用、培育大河乌猪新品种极有力的保证。

2. $A-FABP$ 基因的检测 $A-FABP$ 基因是猪育种界正在进行大规模研究的一种参与机体内脂肪酸运送和代谢的基因。其不同的基因位点形式与个体肌内脂肪含量之间存在一定的相关性。其 AA 基因型个体相对 AB、BB 基因型个体而言具有更高的肌内脂肪含量。就基因检测情况而言，$A-FABP$ 基因采用 Bsm Ⅰ 限制性内切酶多态性测定法，其 A 基因型位点个体表现为 783bp 的酶切片段，而 B 基因型位点个体为（583＋196）bp。本次测定结果在 10 头大河猪中仅发现 1 头（10％）AB 型杂合个体。

第六节　大河猪良种登记与建档

为规范乌金猪（大河猪）的品种登记工作，加强品种资源的保护与管理，根据《中华人民共和国畜牧法》《优良种畜登记规则》和《地方猪品种登记实施细则》（试行）的要求，大河猪保种场于 2015 年 9 月开展良种登记与建档工作，在中国地方猪品种登记网络平台（http：//www. pigbreeds. org. cn）进行登记。

一、登记项目

（一）基本信息

乌金猪（大河猪）保种场的名称、地址、邮编等信息；个体的出生日期、个体号、耳缺号、性别、初生重、乳头数、遗传特征等基本信息。

（二）系谱信息

个体的父母代、祖代及曾祖代三代系谱信息。

（三）生长性能

个体断奶重、断奶日龄；120 日龄个体重，180 日龄个体重、体尺、活体背膘厚；成年猪体重和体尺，体长、体高、背高、胸围、胸深、腹围、管围、腿臀围等。成年公猪测定时间为 24 月龄，成年母猪测定 3 胎、妊娠 2 个月的母猪。

（四）繁殖性能

母猪产仔胎次、总产仔数、窝产活仔数、寄养情况以及断奶日龄、断奶窝重、断奶仔猪数等。

（五）育肥性能及胴体与肉质

每两年进行一次育肥与屠宰试验，测定并登记育肥期日增重、料重比以及胴体与肉质指标，同时记录育肥试验的饲料营养指标。每次育肥测定 30 头，分 3 栏进行饲养；每次屠宰测定 10 头，去势后公、母猪各半。测定办法依照《猪肌肉品质测定技术规范》（NY/T 821—2004）和《种猪生产性能测定规程》（NY/T 822—2004）进行。

（六）个体变更信息

个体出现变更的时间与原因。

二、登记流程

（一）纸质表格登记

登记事项发生后，立即按照《地方猪品种登记实施细则》附录 B 中基本信息、系谱、生长性能、种猪繁殖性能登记表，育肥性能登记表，胴体与肉质性状登记表，种猪变更登记表的相应表格登记纸质表格。纸质表格按要求归档并保存 15 年。

（二）网络平台登记

登记事项发生后 2 周内，按照实施细则要求在中国地方猪品种登记网络平台（http：//www.pigbreeds.org.cn）进行登记。

经网络平台登记大河猪种公猪 27 头、能繁母猪 120 头。

登记数据经由国家畜禽遗传资源委员会猪专业委员会审核通过。

（三）大河猪品种登记照片

见图 3-2 至图 3-5。

图 3-2　大河猪公猪头部

图 3-3　大河猪公猪侧面

图 3-4　大河猪母猪正面

图 3-5　大河猪母猪侧面

第四章
大河猪品种繁育

第一节　大河猪生殖生理

一、公猪生殖生理

（一）公猪生殖器官

公猪的生殖器官包括：①性腺，即睾丸，位于阴囊内；②副性腺，包括输精管壶腹、精囊腺、前列腺、尿道球腺，其作用主要是产生精清；③输出管，包括睾丸输出小管、附睾管、输精管和尿生殖道；④交配器官，即阴茎。

（二）精子发生

精子发生是在睾丸曲精细管中经过一系列的特化细胞分裂而完成的。仔猪出生时，曲精细管上皮细胞包括有胚胎期间就已生成的性原细胞及未分化细胞，初情期开始时性原细胞成为生精细胞，而未分化的细胞则成为营养细胞。最靠近曲精细管基膜的上皮细胞为精原细胞，分裂为 A 型精原细胞，大多数 A 型精原细胞分裂为中间型精原细胞，再分裂为 B 型精原细胞。B 型精原细胞分裂为初级精母细胞。每个初级精母细胞又分裂为较小的 2 个次级精母细胞，同时染色体数目减半（19）。次级精母细胞再分裂为 2 个精细胞，移近曲细精管管腔。精细胞从营养细胞获得发育所必需的营养物质，形态变为精子，进入附睾。从 A 型精原细胞到形成精子需要 44～45d。

正常精子的发生和成熟，需要在比体温低的环境中完成，公猪睾丸和附睾温度为 35～36.5℃。当环境温度高时，公猪睾丸提肌放松，增加阴囊褶皱以加大散热面积，降低睾丸和附睾温度；此外，睾丸血管网在睾丸表面经过降温后回到体壁，这种温度的调节保证了生产正常精子所需要的温度条件。

（三）下丘脑-垂体-性腺轴对公猪生殖的调节

公猪有一个"紧张中枢"（或持续中枢）通过雄激素的负反馈作用调节GnRH的分泌；公猪垂体前叶分泌的促性腺激素主要作用于睾丸。其中，FSH作用于营养细胞，促进、调节精子的发生。垂体前叶的LH作用于睾丸间质细胞产生雄激素，雄激素除了有促进长骨和肌肉生长的作用外，还可促进公猪第二性征的形成，促使性器官的生长、发育和成熟。

（四）公猪初情期及适配年龄

1. 初情期　指公猪射精后，其射出的精液中精子活率达10％、有效精子数为5 000万个时的年龄称为初情期。这个概念不能理解为公猪第一次射精，初情期往往晚于第一次射精的年龄。公猪的初情期略晚于母猪，大河猪公猪初情期在3月龄左右。

2. 适配年龄　公猪的适配年龄应该根据其精液品质来确定，只有精液品质达到了交配或输精的要求，才能确定其适配年龄。由于我国地方品种猪具有早熟的特点，适配年龄可以适当提前，但在开始使用时应注意不宜强度过大。大河猪公猪一般5月龄初配，利用年限4年左右。公猪在2~3岁时的精液品质最好。

（五）精液特性

公猪的精液主要由精子、精清和胶质组成，其一次射精量一般为200~400mL，精子的密度为（250~350）×10^6个/mL。正常公猪射出的精液应为乳白色或灰白色，有较强的气味，在显微镜下观察刚射出的新鲜精液为云雾状。

公猪的总精子数与睾丸大小有关，睾丸大则总精子数一般也较多。

公猪精液数量和品质受很多因素的影响，如品种、年龄、气候、采精方法、营养、体况及采精或交配频率等。交配或采精频率高，则精液量下降，未成熟精子的比率上升，精液品质下降。高温季节公猪的精液量及品质下降较寒冷季节快，说明公猪对高温更敏感。

（六）性行为与交配

公猪发育到初情期时，在生殖激素的作用下，通过神经（嗅、视、触、听）接受刺激，而对母猪产生性反射，并以一定的性行为表现出来。性行为包括性兴奋（除精神兴奋外，还有诱情或称求偶、触弄等性行为表现）和性交两个方面。根据交配过程中公猪使用情况的不同，将交配形式分为自然交配、选配及人工授精3种。自然交配是将公猪、母猪放在一起，任其自由交配的形式。这种方式比较原始，实际上是随机交配。一般可以按照1∶25的公母比例，或者1∶25以下分群进行自然交配。选配是一种施加人工影响的交配形式，即严格限定在一定时间内让选定的公母猪完成交配。

二、母猪生殖生理

（一）初情期

初情期是母猪生殖器官首次变得有功能的时期，可通过第一次发情期来识别。初情期开始早晚由遗传决定，但发展过程受环境因素影响。大河猪母猪约90日龄性成熟。已知成熟公猪与未成熟青年母猪放在一起可诱导母猪较早发情。

母猪的每个初级卵母细胞仅产生1个成熟卵子和3个被称为极体的未发育细胞。

（二）排卵和黄体形成

由母猪垂体前叶产生的促卵泡素启动卵泡的生长。卵泡增大导致卵泡壁表面扩张变薄，最后破裂。在每个卵泡破裂释放卵子进入卵巢管喇叭口之后，空卵泡腔内层的上皮细胞在来自垂体前叶的促黄体素的影响下增殖形成黄体。正常破裂的每个卵泡被一个黄体所取代。

如果卵子没有受精，发情黄体退化并在排卵后约15d消失，仅剩下一个斑痕，称为白体。如果卵子受精而妊娠，黄体可留在整个妊娠期，称为妊娠黄体。黄体产生一种维持妊娠所必需的激素——孕酮。

（三）发情周期

母猪以18~23d的间隔有规律地发情。从这一次发情期开始到下一次发情期开始的间隔通常为21d，称为发情周期。它是由来自卵巢的激素（雌激素和孕酮）直接控制以及来自垂体前叶的激素（促卵泡素、促黄体素和催乳素）间

接控制的。发情周期分为几个非常明显的阶段，称为发情前期、发情期、发情后期和休情期。

1. 发情前期 母猪从阴门到输卵管均发生水肿（肿胀），尤其子宫。阴门肿胀到一定程度，前庭充血（阴门变红），子宫颈和阴道腺体分泌一种水样的薄的阴道分泌物。前情期持续大约 2d，母猪通常变得越来越不安定，失去食欲和好斗。如果公猪在邻近的圈中，母猪通常会寻找公猪。

2. 发情期 母猪发情持续 40～70h，排卵发生在这个时期的最后 1/3 时间。排卵过程持续大约 6h。交配的母猪比未交配的母猪大约早 4h 排卵。前情期母猪试图爬跨并嗅闻同圈伙伴，但它本身不能持久被爬跨。母猪尿和阴道分泌物中含有吸引和激发公猪性欲的性外激素。

一旦公猪发现发情的母猪，就进行求偶活动，母猪通过保持一种站立姿势（静立反应）对公猪的爬跨作出反应。母猪进行频繁的发情吼叫，并竖起耳朵。这个阶段很难赶动母猪。静立反应可用来检查母猪的发情状况，尤其是人工授精时可用于确定最佳授精时间。

3. 发情后期 排卵通常发生在发情结束和后情期开始时。管状生殖道的腺体分泌物变得有黏性，且数量有所下降。后情期持续大约 2d。排出的卵被输卵管收起并被运送到子宫与输卵管接合部。受精发生在输卵管的上部。如果没有受精，卵子开始退化。受精的和未受精的卵在排卵后 3～4d 都进入子宫。

4. 休情期 母猪发情过后至下一个发情周期开始的时间是休情期。黄体发育成一个有功能的器官，产生的大量孕酮及一些雌激素进入身体的总循环并影响乳腺发育和子宫生长。如果合子到达子宫，黄体在整个妊娠期继续存在。如果卵子没有受精，黄体只保持功能大约 16d，届时溶黄体素引起黄体退化以准备新的发情周期。休情期持续大约 14d。

大河猪母猪约 90 日龄性成熟，186 日龄初配，利用年限 6 年左右。母猪发情周期 21d，发情持续期 3～4d，情期排卵数 8～16 个，妊娠期 114d。

2013 年对富源县大河种猪场 82 头大河猪进行调查，初产母猪 26 头平均窝产仔数（7.26±2.07）头，窝产活仔数（7.01±2.82）头，初生窝重（6.71±1.94）kg。经产母猪 56 头窝产仔数（8.37±2.62）头，窝产活仔数（8.10±2.34）头，初生窝重（7.46±1.75）kg；42 日龄断奶育成数（7.79±1.75）头，泌乳量 20.86kg；70 日龄窝育成仔猪（6.97±2.38）头，窝重（113.72±9.44）kg，头均重 16.32kg，育成率 86.05%。

三、受精与胚胎早期发育

(一) 精子运输

公母猪交配后，精子一部分贮存在子宫颈或子宫内凹窝中形成若干个精子贮库，精子在这些贮库中不断释放。在子宫颈的部分精子密度最高，达 10^7 个以上，而到达输卵管上段的精子密度仅为 10^2 个（受精部位）。位于子宫凹窝中的精子始终与精清结合在一起，可以保持和延长精子的活力。精子在子宫内的运输主要依靠外力，通过子宫收缩及输卵管收缩和纤毛的摆动而到达受精部位。

(二) 精子寿命

精子寿命是在母猪生殖道的寿命，而不是指体外条件下的寿命。精子寿命是指精子维持受精能力的时间，精子在母猪生殖道中保持受精活力仅 24～42h。母猪卵子的受精寿命很短，仅为 8～10h，只有当精子和卵子均处于其受精寿命时，才有可能获得较好的受胎率。正确的发情鉴定及适时输精对于提高受胎率至关重要。

(三) 精液损失

与其他家畜相比，公猪的精液损失极为严重。受精时母猪子宫收缩或者紧张导致子宫收缩加剧都会减少有效精子数，白细胞的吞噬作用也是精子损失的一个重要原因。此外，由于游离的精子侵入子宫及输卵管上皮，从而产生抗精子抗体也使受精力下降。

(四) 卵子运输

母猪的卵子可以由卵泡表面进入到输卵管口部，并很快沿着薄壁的伞部进入到壶峡连接部受精。在最初的约 30min，卵子处在输卵管的环境中，这对于卵母细胞的成熟是极为重要的。

(五) 卵子老化

卵子排出后进入受精部位但未能及时与精子相遇并受精，卵子将很快老化。根据精子在母猪生殖道中运行的速率及受精寿命，排卵前 12～14h 输精或配种是比较理想的。由于母猪排卵数较多，同时有一定的时间间隔，因此，卵母细胞老化的最终表现往往是母猪窝产仔数较少。

（六）受精过程

精子获能并发生顶体反应，射出的精子必须在母猪生殖道中经历最后的成熟过程才具有受精能力，称为精子获能。猪精子获能的时间是 2～3h，经过获能，精子的游动能力和呼吸强度都提高，这是受精所必需的。

精子的头部迅速与卵母细胞质膜发生融合，激活次级卵母细胞，继续减数分裂的过程。这时它们的染色体像染色丝一样发散，雌、雄原核一边进行 DNA 复制，一边向中部迁移，最终相遇，染色体发生融合，成为一个受精卵，即二倍体。此后将严格根据发育规律进行卵裂，从精子穿过透明带进入次级卵母细胞到第一次卵裂的时间为 15～20h。

（七）胚胎早期发育

猪胚胎在输卵管内一般需要停留 2d，然后进入子宫角，胚胎已发育到 4 细胞阶段。6～12d 胚胎可以在子宫腔中迁移，这种迁移可以保证胚胎在两个子宫角内的均匀分布，这在其他家畜很少见。第 13～14 天胚胎开始着床，但着床很松散，直到大约第 18 天着床才完成。

从排卵至胚胎着床，胚胎处于游离状态，同时又需要从外界获取营养。胚胎发育到 16 细胞以上时称为桑葚胚；单个细胞或卵裂球很快分泌液体进入细胞间隙，从而形成中间充满液体的空间，这时称为囊胚，位于中间的细胞团称为内细胞团，将来发育成胎儿，此时正处在受精后的 5～6d。囊胚进一步发育并从透明带中孵出，这发生在接近第 6 天结束，这个过程称为"孵化"。猪的胚胎伸长在有蹄类中最明显，滋养层可长达 300cm 或更长，而胚胎呈之字形排列。这时胚胎已在两个子宫角内重新混合、重新分布，以保证胚胎在开始着床之前有一个均等的空间。胚胎进一步发育呈伸展形式，称为孕体。第 5 周可观察到胎儿的心动。在妊娠的第 30～60 天形成上皮胎盘。

猪胚胎开始附着是在妊娠的 13～14d，猪的胚胎与子宫的接触很简单，为一个上皮绒毛膜胎盘，随着妊娠阶段胎儿的发育以扩散或主动运输的形式完成物质代谢。

四、人工授精

猪具有很高的繁殖力，其人工授精效率与单胎家畜如牛相比优越性并不突出，直到 1948 年才有人首先报道利用新鲜猪精液进行人工授精。目前猪的人工授精技术较牛的人工授精技术简单，猪精液的冷冻还没有取得理想的结果，但常温保存已经相当成功。猪精液常温保存 3～4d，甚至 7～8d，受胎率仍然较高。随着饲养规模的日益扩大，减少公猪饲养头数，不仅意味着可以加大公猪的选择强度，充分发挥优秀公猪的遗传潜力，同时，可以通过人工授精减少性传播疾病，提高生产效率，获得更好的经济效益。另外，人工授精技术与繁殖控制技术相结合，如同期发情和诱发分娩，可使猪群管理更加方便，有利于全进全出的现代化养猪生产体系的建立。

人工授精还为猪精液的交流提供了方便。如在偏僻的山区，人们不需要驱赶公猪去给当地发情母猪配种，只需携带几管精液给母猪进行人工授精即可，不仅解决了单个母猪饲养无公猪配种的困难，而且还可以进行有目的的猪种改良。因此，大力推广猪人工授精技术，不仅可以提高猪群品质，而且可以减少劳动力和饲料，是我国养猪发展的一个方向。

（一）采精方法

1. 电刺激法　将两极的探棒插入公猪直肠并以低电压脉冲刺激生殖道的肌肉，诱发公猪射精，即便阴茎没有完全伸直也可获取精液。这种方法适合于因腿伤不能爬跨但具有较高种用价值的公猪采精。

2. 假阴道法　采用模拟母猪阴道环境的假阴道，当公猪爬跨发情母猪或台猪时，将公猪阴茎导入假阴道内，并采集精液。

3. 徒手采精法　该方法实际上与第二种方法相似，只是采精时采精员用戴手套的手直接握住公猪伸出的阴茎，公猪射精反应对压力的敏感性大于对温度的敏感性，只要采精员掌握适当的压力，经过训练的公猪都可采出精液。采精场地应比较平坦，开阔干净，无噪声。采精时最好固定人员。集精瓶应为棕色并经过严格消毒，保持干燥，以减少光线直接照射精液而使精子受损。在冬季采精时，尤其是在户外采精时应特别注意精液的保温。

（二）精液处理和检查

采集精液后应及时送到实验室对精液进行处理和质量评定，以确定精子是否可用于输精。

1. 精液处理　及时用多层纱布或纱网尽快对精液进行过滤。

精液的外观评定主要包括味、色、量等。判定精液是否有异味，如混有大量尿液会有尿味，有异味的精液不能用于输精。公猪精液正常的颜色应是灰白色或是乳白色，若精液中出现脏物、毛、血或尿等，说明已被污染，不能用于输精。

2. 精液品质检查　主要通过显微镜检查，包括精子活率、精子密度的测定及精子形态学检查。

（1）精子活率测定　将一滴原精液滴在一张加热（保持37℃）的显微镜载玻片上，在显微镜下观察计数。不要让阳光直接照射，远离易挥发的化学物质或消毒剂。精子活率是指原精液在37℃条件下呈直线运动的精子占全部精子总数的百分率。

（2）精子密度测定　最常用的方法是采用白细胞计数器。现在已经有了自动化很高的专门仪器，将分光光度计、电脑处理机、数字显示或打印机匹配，只要将一滴精液加入分光光度计，就可以很快得到所需的精子密度及总精子数。从镜检观看精子密度很高的精液往往呈现云雾状。

（3）精子形态学检查　主要是观察精子的形态是否正常，以及精子头部、尾部的损伤和头尾相离的情况，如果这样的精子数量较多，其精液将不能用于输精。死活精子比率也可以通过染色的方法进行检查，膜受损伤的精子一般吸附染料。这种比例直接影响精液的稀释潜力。

精子存活时间也是精液品质评定过程中常用的方法。具体方法：将精液保存在一个固定的温度37℃或其他温度下，每隔2h进行一次观察，并记录该时间的精子活率，直至精子全部死亡为止。

（三）精液稀释

精液稀释的目的是扩大优秀种公猪的后代群体，使一头公猪的繁殖力比自然交配扩大很多倍，而且受胎率不下降。一般一头公猪一次射精所获得的精子数目比受精要求的数目多得多，为15～30倍。稀释后的输精量一般为50～

100 mL，其中含活精子数为 $2×10^9$ 个。稀释液的要求是其对精子活率、受精力以及单个精子的总存活能力无不良影响。

稀释液的成分：一般精液稀释液包括一种或多种保护剂，尽管公猪精液稀释液有多种多样，但从其化学组成来看主要有以下一些成分：代谢或营养物质，如葡萄糖；适宜的缓冲体系；大分子物质，如牛血清白蛋白；抗生素。

Kiev 液为最常用的猪精液稀释液，成分比较简单，可保存 1~3d，授精后母猪产仔率为 80.5%，每窝产仔平均 9.3 头。Zorlesco 液可常温保存猪精液 7~8d，输精后受胎率可达 66.7%，窝产仔平均为 8.2 头；而 8~9d 输精受胎率为 51.2%，窝产仔平均为 7.8 头。最近出现的 Androhep 液也可以用于猪精液的常温保存。

（四）授精时间

母猪排卵多在母猪开始接受公猪交配之后 30~36h，即开始发情后的 38~40h 后，精子的受精寿命仅 24h。

根据不同的输精方案选择的授精时间是不一样的。

1. 一次配种　最适当的授精时间应在母猪发情 30~36h 以后，也就是在母猪开始接受公猪交配 12~16h 时输精为宜。

2. 二次配种　由于准确计算母猪排卵的时间很不容易，对于发情母猪最好采用两次配种的方法，两次输精或交配间隔 24h。第一次配种在母猪接受交配时（在母猪开始发情 12~16h）进行，24h 之后再进行第二次配种。目前国内外普遍采用两次配种方案。两次配种可采用两次本交，也可以采用第一次人工授精、第二次本交或者两次人工授精的方式。

第二节　大河猪种猪选择与培育

一、种猪选择与公、母猪比例

种猪后备猪选择过程分 4 个阶段。

（一）断奶阶段选择

初选在仔猪断奶时进行。标准为：仔猪必须来自母猪产仔数较高的窝中，

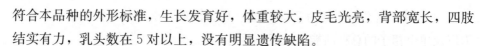

符合本品种的外形标准，生长发育好，体重较大，皮毛光亮，背部宽长，四肢结实有力，乳头数在 5 对以上，没有明显遗传缺陷。

从大窝中选留后备小母猪，主要是根据母亲的产仔数确定断奶时应尽量多留。初选数量为最终预定留种数量公猪的 10～20 倍或以上，母猪 5～10 倍或以上，以便后面能有较高的选留机会，使选择强度加大，有利于取得较理想的选择进展。

（二）保育结束阶段选择

在保育结束 70 日龄时进行第二次选择，将体格健壮、体重较大，没有瞎乳头，公猪睾丸发育良好的初选仔猪转入下一阶段测定。

（三）测定结束阶段选择

性能测定自 70 日龄开始至 6 月龄结束，是选种的关键时期，是种猪选择的主选阶段。

（1）凡体质衰弱、肢蹄存在明显疾患、有内陷乳头、体型有严重损征、外阴部特别小、同窝出现遗传缺陷者，先行淘汰。对公母猪的乳头缺陷和肢蹄结实度进行普查。

（2）根据后备猪生长发育测定的结果，把体重、体长、腿围、乳头数综合成一个指数，根据指数大小并参照同胞育肥、屠宰性能测定和肌肉含脂率测定的资料信息进行选择。指数构成为：

$$I = \sum_{i=1}^{n} \frac{w_i h_i^2 P_i}{\overline{P}_i}$$

式中，I 为指数，w_i 为加权值，h_i^2 为性状遗传力，P_i 为性状个体值，$\overline{P}_i$ 为性状群体均值。

选留数量比最终留种数量多 15%～20%。

（3）在乌金猪（大河猪）自然保种区内，以乳头数、产仔数和生长速度三个指标为测定重点，一旦发现有优秀个体就吸收到核心群中，进行进一步繁殖性能测定，确定最终留种。

（四）母猪配种和繁殖阶段选择

本期选择的主要依据是个体本身的繁殖性能。淘汰范围为：7 月龄后毫无发情征兆的母猪，在两个发情期内每个情期连续配种 3 次未受胎的母猪，断奶后 2～3 个月无发情征兆的母猪，母性太差、咬食仔猪的母猪，连续两胎产仔数过少的母猪和公猪性欲低、精液品质差，使所配母猪产仔均较少的公猪均应淘汰。

（五）公母猪数量比例

乌金猪（大河猪）保种核心群 8 个血缘家系，公猪 16 头（每个家系 2 头）、母猪 120 头（每个家系 15 头），公母猪数量比例为 1∶7.5。

二、家系内选种具体要求

（一）制定保种方案，保持家系数量

按照国家级畜禽遗传资源保护品种乌金猪（大河猪）保种方案要求，富源县大河种猪场作为乌金猪（大河猪）保种核心群场，保存云南乌金猪（大河猪）核心群原种 8 个家系公猪 16 头，基础母猪 120 头。

（二）坚持保种原则，确定公母比例与世代间隔

1. 保种原则　一是减缓保种核心群近交系数增量；二是保持保种目标性状不丢失、不下降。

2. 公母比例与世代间隔　按大河猪保种群规模，公母比例确定为 1∶（7.5～8），采用家系等量留种方式，每世代群体近交系数增量 0.0064，世代间隔为每 4 年一个世代。

（三）确定后备猪选留数量

6 月龄留种公母猪按后备猪生长发育测定结果，把体重、活体背膘、腿围综合成一个指数，根据指数大小留种，测定数与留种数比例为 2∶1。

（四）配种方法与留种要求

1. 配种方法　大河猪保种核心群按 8 个血缘家系把母猪相应分成 8 组（亲缘关系近的分在一组），采用轮回与公猪交配的配种方法。

2. 留种　开展后备种猪性能测定，更替的后备猪都必须经过性能测定，

高于平均数的留种。

第三节　大河猪种猪性能测定

一、繁殖性状测定

(一) 繁殖性状度量

繁殖性状包括窝产仔数（总产仔数和产活仔数）、初生重、初生窝重、断奶仔猪数、泌乳力（21日龄窝重，含寄养仔猪）、产仔间隔和初产日龄等。

(二) 繁殖性状遗传与选择

繁殖性状属于低遗传力性状，遗传力一般为 0.1 左右，其估计值的变动范围为 0.05～0.15。由于繁殖性状遗传力低，一般认为难以通过个体选择得到遗传改良（表 4-1）。

表 4-1　繁殖性状的遗传力

性　　状	遗传力
产活仔数	0.11
总产仔数	0.11
21日龄仔猪数	0.08
断奶仔猪数	0.06
仔猪断奶前成活率	0.05
初生重	0.15
21日龄重	0.13
断奶重	0.12
初生窝重	0.15
21日龄窝重	0.14
断奶窝重	0.12
初产日龄	0.15
产仔间隔	0.11

近年来，对猪产仔数的选择正日益受到重视，其原因在于：①对猪产仔数的遗传特征的了解更加深入；②BLUP技术和分子标记技术的应用；③在养猪发达国家猪的瘦肉率等经济性状正接近于最适值，继续选择改良难度较大，结合产仔数进行选择，其总体经济效益可能会提高，产仔数尚有较大的改良潜力。

二、生长性状测定

（一）生长性状度量

需要测定的主要生长性状包括生长速度（30～100kg体重阶段平均日增重或达到目标体重100kg的日龄）、活体背膘厚、饲料转化率和采食量，近年来猪的采食量指标日益受到重视。

（二）生长性状遗传与选择

生长速度、饲料转化率和日采食量均属中等遗传力性状，活体背膘厚属高遗传力性状。这些性状可以获得较大的选择反应，在选择实践中，通常采用多性状综合选择（表4-2）。

表4-2 生长性状与胴体性状的遗传力

性　　状	均值	遗传力范围
日增重	0.34	0.1～0.76
达90kg日龄	0.30	0.27～0.89
日采食量	0.38	0.24～0.62
饲料转化率	0.31	0.15～0.43
活体背膘厚	0.52	0.4～0.6
屠宰率	0.31	0.20～0.40
平均背膘厚	0.50	0.30～0.74
眼肌面积	0.48	0.16～0.79
胴体瘦肉率	0.46	0.4～0.85

三、胴体与肉质性状测定

(一) 胴体性状度量

需要测定的主要胴体性状包括胴体重、背膘厚、眼肌面积、腿臀比例、胴体瘦肉率和脂肪率。其中：

$$眼肌面积（cm^2）＝眼肌宽度（cm）×眼肌厚度（cm）×0.7$$

$$腿臀比例＝（腿臀重÷胴体重）×100\%$$

$$胴体瘦肉率＝瘦肉重÷（瘦肉重＋脂肪重＋皮重＋骨重）×100\%$$

$$胴体脂肪率＝脂肪重÷（瘦肉重＋脂肪重＋皮重＋骨重）×100\%$$

由于我国胴体计算方法与国外的不同（见胴体重），所以，胴体瘦肉率的数值往往比别的国家高 $3\%\sim5\%$。因此，在比较各国猪胴体瘦肉率时应当予以注意。

(二) 胴体组成性状的遗传与选择

胴体组成性状属于高遗传力性状，其估计值为 0.4～0.6。这些性状通过选择可以获得较大的遗传进展。背膘厚反映猪的脂肪沉积能力，其与肌肉生长存在强遗传负相关。通过选择背膘厚可望使胴体瘦肉率获得较大的相关反应；眼肌面积的遗传力较高，一般都重视对它的选择，特别是一些活体直接测量眼肌厚度等设备的应用，通过个体表型选择增大眼肌面积提供了现代测定手段。

臀和腿是胴体中产瘦肉最多的部位，长期以来在提高胴体瘦肉率的选择中都十分重视对它的选择，现代瘦肉型猪的腿臀部都发育良好。但腿臀部肌肉过度发育与肌肉品质呈负相关，在猪的选择目标中，不能过度追求腿臀部的发达程度，要注意猪的整体结构的协调性。

(三) 肉质性状测定

肉质优劣是通过许多肉质指标来判定的，常见的有 pH、肉色、系水力或滴水损失、大理石纹、肌内脂肪含量、嫩度、风味等指标。我国种猪遗传评估方案中的肉质性状有：肌肉 pH、肉色、滴水损失和大理石纹。

四、乌金猪（大河猪）生产性能

（一）产仔哺育性能

1. 保种核心群　测定 29 窝产仔数、窝产活仔数，初生窝重（kg）、20 日龄窝重（kg）、42 日龄窝重（kg）和 70 日龄窝重（kg）和个体重（kg），并对死胎、木乃伊等做详细记录（表 4-3），70 日龄测定和初选同步进行。

表 4-3　乌金猪（大河猪）繁殖性能

产仔数（头）	产活仔数（头）	初生窝重（kg）	20 日龄		42 日龄		70 日龄	
			育成（头）	窝重（kg）	育成（头）	窝重（kg）	育成（头）	窝重（kg）
7.0±2.5	6.3±2.3	7.1±3.3	5.9±2.4	20.3±9.1	5.6±2.2	46.3±25.7	5.1±2.4	71.3±37.8

2. 自然保护区　按窝测定记录初生、70 日龄两个阶段的仔猪数及窝重。

（二）后备猪生长发育性状

公猪单栏饲养，母猪 4~5 头一舍，测定的 22 头后备公猪和 45 头后备母猪 4 月龄个体重及 6 月龄个体生长发育性状分别见表 4-4 和表 4-5。

表 4-4　乌金猪（大河猪）后备公猪性能

70 日龄始重（kg）	4 月龄体重（kg）	6 月龄							
		体重（kg）	体高（cm）	体直长（cm）	体斜长（cm）	腿臀围（cm）	胸围（cm）	背膘厚（cm）	乳头数（个）
15.4±3.4	33.5±4.6	55.1±12.5	51.5±4.2	98.4±7.7	74.1±6.6	70.6±4.4	85.8±7.9	1.6±0.5	10.7±0.9

表 4-5　乌金猪（大河猪）后备母猪性能

70 日龄始重（kg）	4 月龄体重（kg）	6 月龄							
		体重（kg）	体高（cm）	体直长（cm）	体斜长（cm）	腿臀围（cm）	胸围（cm）	背膘厚（cm）	乳头数（个）
15.2±2.8	32.6±5.2	52.7±8.8	49.5±3.6	94.4±7.4	71.2±6.4	69.0±4.2	84.4±6.0	2.3±0.5	11.2±0.9

（三）育肥性能

测定的 18 头大河猪全同胞、半同胞育肥期始重（kg）、末重（kg）和料重比等指标见表 4 - 6。

表 4 - 6 乌金猪（大河猪）同胞育肥成绩

始重 （kg）	末重 （kg）	净增重 （kg）	日增重 （g）	90kg 日龄	育肥 天数（d）	耗料 （kg）	料重比	膘厚 （cm）
16.0±1.3	88.8±4.1	72.8±3.0	447±20	232.9±8.4	162.9±8.4	385.9±33.7	5.3±0.4	4.1±0.6

（四）屠宰性能

每两年同胞育肥试验结束后屠宰测定大河猪 8 头，每个家系安排 1 头同胞育肥猪进行屠宰性能测定和肉质分析。

第四节　大河猪选配方法

一、世代间隔

乌金猪（大河猪）4 年一个世代，大河猪保种核心群 8 个家系每年每个家系选配 4 头 4 窝（一产），计 32 头母猪，配种 32 窝，用于继代选育，选中的 32 头母猪要求 42d（两个发情期）内完成配种，以保证选育环境条件的一致性。

二、年度选种

1.70 日龄初选　根据产仔哺育成绩、个体生长发育等性状进行选择。一个世代内每年每个家系选留后备母猪 5 头，8 个家系共 40 头，4 年共 160 头；每个家系选留后备公猪 1 头，8 个家系共 8 头，4 年共 32 头。每两年安排一批 32 头猪进行同胞育肥性能（一个家系 4 头）、屠宰性能测定，并对其中 8 头猪进行肉质分析。

2. 6 月龄二选　每年根据后备猪本身增重成绩、背膘厚和体型外貌评定进行选择。公猪二选每个家系选留 3 头参与配种，随后根据与配母猪产仔情况淘汰 1 头，一个家系最终保留 2 头公猪。母猪二选选留 120 头配种（一个家系 15 头）。

3. 母猪初产后三选　根据产仔哺育成绩对初产母猪进行三选，留种率

70%～80%，选留约90头。

4. 三产后终选　根据三产母猪的产仔哺育平均成绩进行终选，留种率70%，选留63头作世代重叠（重叠母猪重叠使用二代淘汰），同时三产后留种选择后备猪。

三、配种

1. 选配方式　按随机交配与适度近交相结合的选配方式，每年10月拟定配种计划。

2. 配种安排　每年11—12月安排配种，全部母猪按配种方案要求两个情期（42d内）内配完，受胎率保证在85%以上。

第五节　提高大河猪繁殖成活率的途径与技术措施

提高母猪繁殖成活率的主要途径包括提高母猪利用强度（增加年产胎数和使用年限）、提高窝产仔数、降低哺乳仔猪死亡率等。

一、保持母猪群体合理的年（胎）龄结构

及时淘汰繁殖性能差的母猪，使母猪群保持稳产高产状态，同时使大量母猪在3～6胎时，产活仔数达到最大量。母猪每胎的表现对猪群生产力有重要意义，对母猪年（胎）龄影响的因素见表4-7。一个合理的母猪群年龄结构应接近表4-8母猪胎龄结构的比例要求。从一个基础母猪建立到一个稳定的猪群年龄结构的转变或真正地保持一个稳定的胎次并不容易，随品种、饲养管理水平、饲养条件等有所变化。品种繁殖能力和哺育能力强、营养状态好、饲养水平较高的条件下，胎龄高的优秀母猪也可多留一些。

表4-7　母猪年（胎）龄影响因素

项　目	影响因素
每胎产活仔数	3～6胎高峰
每胎产死胎数	随着胎数增加，5～6胎后增加
产仔重	2～5胎稳定，此后下降
哺育能力	2～4胎高峰，此后下降

（续）

项　目	影响因素
母猪死亡	青年母猪最高
生产失败	青年母猪最高
非生产日	青年母猪最高
分娩量	2～6胎高峰，此后下降

表4-8　母猪胎龄结构

胎次	猪群中的比例（%）
1	18～20
2	16～18
3	15～17
4	14～16
5	13～15
6	14～24

二、加强母猪管理

科学合理地管理后备母猪将延长母猪的使用寿命，降低淘汰率，充分发挥母猪的繁殖潜力，正确的管理方式对母猪初产及终身生产性能将产生深远影响。

（一）后备母猪第一次配种的基本要求

1. 体重和体型　多年试验表明，大河猪推迟至70kg配种对第一窝产仔数会有很大的影响，同时会增加以后胎次的产活仔数。

2. 配种年龄　大河猪的配种年龄以200～220日龄较好。

3. 背膘厚　建议大河猪在背膘厚为22～26mm时配种，最低不小于18mm。

4. 第二个发情周期配种　第一次发情等待21d后配种，每胎大约能增加1.5头仔猪。以在第二个发情周期配种较好。

（二）后备母猪饲养

对后备母猪进行短期优饲，在配种前14d增加能量摄入可潜在地增加排卵量，配种前14d精饲料增加至每天3～3.5 kg，配种后立即限制饲喂。妊娠期饲料蛋白要达到12%，并添加L-肉碱50mg/kg、甲基吡啶铬200mg/kg，有助于缩短母猪的发情期，提高母猪分娩率和两个繁殖周期的出生活仔数。

（三）配种程序

1. 查情　配种时间的选择是获得高繁殖效率的重要因素，准确查情是成功的关键。

2. 适时交配　多数经产母猪在发情后24～56h排卵（变化范围24～72h）；卵子存活时间很短，在输卵管内存活时间一般只有4h。精子出现在母猪生殖系统必须提前于排卵，以便运输到母猪输卵管壶腹部并获能；精子在子宫内可保持活力24h。任何配种管理程序的目的都在于保证母猪生殖系统存有适当数量活精子期间排卵，提供精卵结合的概率。

3. 查返情　及时检查有无返情母猪，可减少母猪"非生产日"，提高繁殖率。

（四）减少胚胎和胎儿死亡

一般认为，猪胚胎死亡时期有3个高峰：第一个是在受精9～13d的受精卵附植初期，易受各种因素的影响死亡；第二个是在妊娠后大约第3周，即器官形成期。这两个时期的胚胎死亡率占30%～40%。在妊娠后期60～70d时，胎盘停止生长，而胎儿迅速生长，这时也可引起胎儿死亡，这是胚胎死亡的第三个高峰。减少妊娠期胚胎死亡的普遍做法是：一是对妊娠母猪实行限制饲喂，尤其在妊娠1～3d，每头母猪的饲喂量为1.5～1.8kg，以提高血液中的孕酮含量维持妊娠；二是母猪配种25d内不转群、不混群，避免应激。通过这两种措施可使死胎数减少0.15～0.25头。

（五）提高哺乳仔猪成活率

1. 产房实行全进全出　在母猪进入之前彻底空栏、清扫、清洗，用3%～5%的氢氧化钠溶液浇泼栏圈墙壁、地面并保持2～4h，最后用高压水枪清洗

并空栏一周。

2. 加强仔猪护理　一是吃足初乳，确保仔猪适量的初乳吸吮量，仔猪在出生后 12h 内吃上初乳，最基本的初乳量是 50mL。二是满足新生仔猪对较高环境温度的要求，最低临界温度为 34℃。三是寄养，在仔猪出生的 24h 内营养不良与饥饿是死亡的主要原因，寄养可使弱小的仔猪有更好的生存机会。四是防止贫血，在仔猪出生 2～3d 内补 1～2mL 的葡聚糖铁针剂以防止贫血。

3. 喂好哺乳母猪　最大限度地提高母猪的产奶量，同时控制母猪泌乳期失重。要保证泌乳母猪足够的采食量。

4. 实行隔离式早期断奶　使仔猪还未失去获得性被动免疫能力之前，就与母猪分开并隔离饲养，可减少疾病传染机会，降低仔猪发病率。

第五章
大河猪营养需要与常用饲料

第一节 大河猪营养需要

猪所需要的营养来源于饲料，根据饲料中营养物质的性质和功能，可以划分为六类物质，即蛋白质、碳水化合物、脂肪、矿物质、维生素和水分，称为猪的六大营养素。近年，为了强调粗纤维在饲料中的作用，把碳水化合物分为粗纤维、无氮浸出物，把饲料营养物质分为蛋白质、脂肪、粗纤维、无氮浸出物、矿物质、维生素和水分七大类，称为猪的七大营养素。下面以七大营养素来阐述大河猪对饲料营养物质的需求。

一、水分营养需求

大河猪主产地富源位于云南东部，常称为滇东高原，地形波状起伏，平均海拔 2000m 左右，山高坡陡，发育着各种类型的喀斯特地貌。河流湖泊众多，地下水含丰富的矿物质，作为饮用水时必须进行软化和重金属检测，防止有毒物质超标。猪饮用水对有毒矿物质限量要求见表 5 - 1。

表 5 - 1 家畜饮水中有毒物质的最高允许值

有毒物质	最高允许值 (mg/L)	有毒物质	最高允许值 (mg/L)	有毒物质	最高允许值 (mg/L)	有毒物质	最高允许值 (mg/L)
砷	0.2	铬	1	铜	0.5	铅	0.1
镉	0.05	钴	1	氟化物	2	汞	0.1
镍	1	硝酸盐类	10	矾	0.1	锌	25

富源地区农家养猪，猪饮用水源多为地表水。地表水特别容易被病原微生物、寄生虫等污染，故作为猪的饮用水时必须用漂白粉等进行消毒杀菌处理，达到卫生质量要求后使用。微生物等卫生指标要求，参照国标《生活饮用水卫生标准》（GB 5749—2006）执行。

二、蛋白质营养需求

大河猪在进化过程和长期粗放饲养条件下形成了本品种所具有的独特性，对饲料中粗蛋白质的需求不高。过去对大河猪与蛋白质需求量的研究工作做得较少，但在生产实践中，做饲料配方时，相同类别、阶段的大河猪与瘦肉型猪对比，在粗蛋白质需求量方面，比瘦肉型猪饲养标准降低 $1 \sim 1.5$ 个百分点，对大河猪的繁殖性能、育肥生长等指标影响不大。大河猪对蛋白质的需求量可参照《中国瘦肉型猪饲养标准》。

三、脂肪营养需求

脂肪和碳水化合物一样，是猪体热能的来源。脂肪除供给猪生命活动所必需的热能外，其余的部分贮存在体内，当猪摄取不足时体内的脂肪即被分解，转化为热能。饲料中脂肪含量都不高，但亚麻油酸、花生油酸和次亚麻油酸是猪体内不能合成的，必须从饲料中获得的必需脂肪酸。

大河猪对脂肪的需求与其他猪种相比无特别之处，可参照《中国瘦肉型猪饲养标准》。

四、粗纤维需求

一般认为，引进的外种猪饲粮中粗纤维以不超过 6% 较为适宜，我国猪品种可适当放宽，但对仔猪不管什么品种，都以不超过 4% 为宜。大河猪，表现了较耐粗饲的品种独特性，种公母猪饲粮中粗纤维可达 $8\% \sim 10\%$。大河猪在农村粗放饲养条件下，配合饲料中粗纤维达 $10\% \sim 15\%$。

五、无氮浸出物（淀粉、糖）营养需求

富源土壤条件适宜种植各种各样的作物，大河猪碳水化合物饲料，农村养殖户常常用多汁的青绿饲料来搭配精饲料喂猪。使用较多的是马铃薯、甘薯、木薯、芭蕉芋块茎类。青绿饲料有白萝卜、胡萝卜、南瓜、牛皮菜、聚合草、

芭蕉芋、苋菜、苦荬菜、水花生等。

六、矿物质营养需求

大河猪对矿物质营养需要参照《中国瘦肉型猪饲养标准》，但是富源属于缺硒地带，大河猪植物性饲料中硒的含量非常少，主要依靠矿物质饲料亚硒酸钠的补充满足需要，故大河猪配合饲料中硒的含量要考虑适当加大，特别是种用猪。

七、维生素营养需求

大部分天然植物性饲料中均含有各种维生素。在广大农村青绿饲料来源广泛、品种搭配多样化，如牛皮菜、聚合草、芭蕉芋、苋菜、苦荬菜、水花生、水葫芦等，这些青绿饲料富含多种维生素，基本能满足大河猪对维生素的需求。大河猪规模化饲养场，主要靠在配合饲料中添加多维添加剂来满足大河猪对维生素的需求量，使用时参照《中国瘦肉型猪饲养标准》。

八、能量需求

大河猪属于脂肪型猪，脂肪含量比瘦肉型猪高，对能量的需求相对比较低，可参照《中国瘦肉型猪饲养标准》，在此基础上总能可以低4～8MJ。

第二节　大河猪常用饲料与日粮

一、饲料分类

按饲料特性共分为粗饲料、青绿饲料、青贮饲料、能量饲料、蛋白质饲料、矿物质饲料、维生素饲料、添加剂八大类。

（一）大河猪常用能量饲料

能量饲料：在干物质中粗纤维含量低于18％，同时粗蛋白质含量低于20％，利用能值高的饲料，如谷实、糠麸等。

1. 谷实类

（1）玉米　粗蛋白质含量为7％～9％，含有较高的不饱和脂肪酸，不宜长时间贮存，且作为育肥猪的能量饲料，会使脂肪变软，降低肉的品质。富源县梅雨季节长，空气湿度大，当地处理玉米通常是自然干燥，往往水分超标，霉变严重。因此，饲养种用公母猪时不推荐使用。

（2）大麦　是育肥猪的理想饲料资源，可以获得高质量的硬脂胴体，但要补充无机物和维生素。

（3）小麦　小麦喂猪消化能仅次于玉米，蛋白质含量较高。

（4）稻谷　稻谷含粗蛋白仅 7％ 左右，粗纤维含量较高，消化能近似于大麦和燕麦。

（5）荞麦　成分与谷类相似。荞麦不仅籽实可以作为能量饲料，鲜叶也是优良的青饲料。

2. 糠麸类

（1）麸皮　蛋白质含量较低，B 族维生素含量丰富。钙少磷多，按 1：8 的比例。磷利用率极差，故在用作饲料时，应特别注意补充钙磷与钙。麸皮质地疏松，适口性好，又具有轻泻性和调养性，在猪的日粮中可调节营养浓度。

（2）米糠及糠饼　米糠中粗脂肪含量高而且多为不饱和脂肪酸，不易贮藏，故必须用新鲜米糠作饲料。米糠饲喂育肥猪易致肉质松软。米糠中磷多钙少、比例不当（22：1），用作饲料时应特别注意补充钙磷。猪育肥期间，饲料中米糠的配比在 15％ 以下为宜。

（二）大河猪常用蛋白质饲料

1. 植物性蛋白质饲料

（1）豆饼（粕）　粗蛋白质含量较高，一般压榨法可达 40％ 左右，浸提法可达 45％ 以上。消化能值很高。大河乌猪配合饲料中的豆粕，有 43％ 和 46％ 两种。

（2）菜籽饼（粕）　菜籽饼（粕）是油菜籽榨油后的残渣，因含有芥子苷等有毒成分，味苦涩，适口性差。粗蛋白质含量一般在 35％～40％，蛋白质中氨基酸比较全面。猪对菜籽饼（粕）中蛋白质的消化率为 75％ 左右，含消化能为 12.01MJ/kg。

2. 动物性蛋白质饲料　动物性蛋白质饲料中蛋白质、赖氨酸含量高，维生素丰富，钙、磷含量高。所有这类饲料是大河猪的优质蛋白质与矿物质补充料。

（1）鱼粉　鱼粉中含有丰富的必需氨基酸和蛋白质。但因加工原料不同，化学成分也不固定。鱼粉质量不稳定，直接影响饲用效果。鱼粉蛋白质含量高，消化能在 12.55MJ/kg 以上。鱼粉不仅可以作蛋白质补充饲料，也可补充部分钙、磷不足。用鱼粉代替一部分植物性蛋白质饲料作配合饲料效果极好，是大河猪很好的蛋白质补充饲料。

（2）血粉　溶解性差，消化率低。血粉含粗蛋白质约 80%，蛋白质品质较差，饲养效果不佳。一般在猪日粮中占 5% 左右，过多会引起腹泻。

（3）羽毛粉　含蛋白质 85% 以上，但赖氨酸、色氨酸和蛋氨酸不足，含亮氨酸和胱氨酸多。经水解处理的羽毛粉消化率可达 80%～90%，未经处理的羽毛粉消化率仅 30%～32%。

（4）蚕蛹粉　粗蛋白质含量达 55%～62%，消化率在 85% 以上，钙、磷比例适当，消化能 14.64～16.74MJ/kg，是高能高蛋白质饲料。但不宜多喂，一般占日粮 10% 左右。育肥猪后期应停喂 1 个月以上，否则宰后会出现黄膘肉，且有异味。

（三）矿物质饲料

在舍饲条件下或高产家畜需要另行补充，常用矿物质饲料主要是食盐和钙、磷，其他微量元素作为矿物质营养添加剂加入。

1. 矿物质饲料　包括工业合成的、天然的单一矿物质饲料，多种混合的矿物质饲料，以及配合有载体的痕量、微量、常量元素饲料。

（1）食盐　饲用食盐的粒度应全部通过 0.61mm 筛，含水量不超过 0.5%，氯化钠纯度在 95% 以上，在大河猪日粮中食盐含量以 0.3%～0.4% 为宜。

（2）碳酸钙　用于补充饲料中钙的不足，石粉是把石灰石粉碎而成，或生石灰加水做成消石灰，再加二氧化碳沉淀碳酸钙。蛋壳粉中含粗蛋白质 12% 左右，含钙 25% 左右。贝壳粉中主要成分是碳酸钙，含钙 32%～38%。

（3）骨粉　可以补充钙和磷，其含钙量大约是含磷量的 2 倍，是一种容易得到钙、磷平衡的矿物质饲料，一般多用骨粉作为磷的补充饲料，含磷约 10%。

（4）磷酸盐　云南是磷酸氢钙主产区，大河猪饲料补充中多用磷酸氢钙。

2. 矿物质添加剂　目前微量元素盐类主要是硫酸盐。常用的微量元素添加剂有碳酸锌或硫酸锌、碳酸锰或硫酸锰、硫酸亚铁、硫酸铜、硫酸钴等，多为矿石原料加工制成的混合添加剂。

（四）维生素饲料

在一般情况下，猪对维生素的需要主要由天然饲料供给。但随着饲养条件发生变化，其对维生素的需要量常成倍增加，且在喂给青绿饲料不方便时，就有必要通过饲料添加剂来满足猪对各种维生素的需要。

1. 维生素饲料　工业合成或提纯的单一维生素或复合维生素。

（1）脂溶性维生素　脂溶性维生素易氧化。因此，使用前必须经过处理。如将维生素 A、维生素 D_3 和 α-生育酚乙酸盐等制成微型胶囊，为经常采用的比较稳定的形式。

（2）水溶性维生素　有核黄素（维生素 B_2）、硫胺素（维生素 B_1）、泛酸、氯化胆碱、烟酸、维生素 B_6 等。

2. 维生素添加剂　生产应用的维生素多采取配合添加剂的形式。一种是多维添加剂，分为脂溶性维生素（维生素 A、维生素 D、维生素 E）添加剂和 B 族维生素添加剂；另一种是将维生素与其他成分（如微量元素、抗生素和氧化剂）配合而成的混合添加剂。多采用细糠、麸皮或淀粉等作为填料，使之能均匀混合成为商品添加剂饲料。

（五）饲料添加剂

主要有防腐剂、着色剂、抗氧化剂、各种药剂、生长促进剂等。

（六）青绿饲料

青绿饲料主要指水分含量多，干物质含量相对低，体积大，天然水分含量在 60% 以上的各种青饲料。

大河猪常用的青绿饲料有白萝卜、胡萝卜、南瓜、牛皮菜、聚合草、芭蕉芋、苋菜、苦荬菜、水花生等。

干草、牧草和农副产品类饲料，如秸秆、秕壳、干草等，是饲养大河猪很好的农家饲料。

二、饲料生产

大河猪配合饲料的种类：以饲养对象分类，分为幼猪料、肥猪料、哺乳母猪料、妊娠母猪料和公猪料等；以形状分类，主要有粉料、颗粒料、破碎料、压扁料、膨化漂浮料及液体料等；按营养分类，有全日粮全价配合料、浓缩饲料、添加剂预混料等。

（一）配合饲料

配合饲料是以家畜生理及其对营养需要为依据，将多种自然饲料粉碎加工，按规定工艺程序和混合比例生产的具有营养性、安全性的商品饲料。

（二）青贮饲料

青贮饲料是用新鲜的天然植物性饲料青贮调制而成及加有适量糠麸类或其他添加物制作而成。

制作大河猪青贮饲料原料较多，凡是可作饲料的青绿植物、作物秸秆等都可作为青贮原料。在制作青贮饲料时要用铡草机对植物饲料进行打、铡，使饲料变软，便于猪采食和装窖，易于贮藏。茎秆类比较粗硬的应切短，茎秆较柔软的可稍长一些，一般 3～5cm 即可。

三、常用饲料推荐配方

大河猪常用饲料推荐配方见表 5－2 至 5－8。

表 5－2 仔猪保育料推荐配方

项　　目	含量（％）
原料	
东北玉米	60.00
小麦麸	2.00
膨化大豆	17.00
豆粕（46％）	5.00
鱼粉（64.5）	2.50
发酵豆粕	5.00
4％乳猪预混料	4.00
低蛋白乳清粉	2.50
酸化剂	0.10
普锌宝	0.10

（续）

项　目	含量（%）
原料	
葡萄糖	0.80
蔗糖	1.00
合计	100.00
营养指标	
消化能（MJ/kg）	13.98
粗蛋白质	18.51
粗灰分	3.03
粗纤维	2.51
总钙	0.87
总磷	0.55
赖氨酸	1.47
蛋氨酸	0.46
蛋氨酸＋胱氨酸	0.76
苏氨酸	0.84
色氨酸	0.34

表 5-3　生长育肥小猪料推荐配方（30～60kg）

项　目	含量（%）
原料	
玉米	56.38
米糠粕	15.00
大豆粕	15.46
小麦麸	8.12
磷酸氢钙	1.14
石粉	1.04
赖氨酸（65%）	0.84
盐	0.50
1%乳猪预混料	1.00
苏氨酸	0.24

（续）

项　　目	含量（%）
原料	
蛋氨酸	0.18
胆碱（50%）	0.10
合计	100.00
营养指标	
粗蛋白质	16.30
钙	0.74
总磷	0.75
可利用磷	0.32
赖氨酸	1.12
蛋氨酸	0.42
蛋氨酸＋胱氨酸	0.70
猪消化能（MJ/kg）	13.25
粗纤维	3.64
粗灰分	5.89
钠	0.23
可消化赖氨酸	0.96
可消化蛋氨酸＋可消化胱氨酸	0.60
可消化蛋氨酸	0.38

表 5-4　生长育肥大猪料推荐配方（60 kg 以上至出栏）

项　　目	含量（%）
原料	
玉米	55.82
米糠粕（GB1）	19.5
大豆粕	9.9
小麦麸	9.34
菜籽粕	2
石粉	0.88
磷酸氢钙	0.82
盐	0.5
0.5%中大猪预混料	1
赖氨酸（65%）	0.24
合计	100

（续）

项　　目	含量（%）
营养指标	
猪消化能（MJ/kg）	12.6
粗蛋白质	14.50
钙	0.61
总磷	0.75
可利用磷	0.27
赖氨酸	0.73
蛋氨酸	0.23
蛋氨酸＋胱氨酸	0.49
粗纤维	3.98
粗脂肪	2.74
粗灰分	5.63
可消化赖氨酸	0.59
可消化蛋氨酸＋可消化胱氨酸	0.39
可消化蛋氨酸	0.19

表 5-5　后备猪料推荐配方

项　　目	含量（%）
原料	
玉米	50.36
大豆粕（43%）	12.62
油米糠	8.88
统糠	5.00
小麦麸	17.00
大豆油	1.60
磷酸氢钙	1.17
石粉	1.02
1%后备母猪预混料	1.00
盐	0.50
赖氨酸（98.5%）	0.36

（续）

项 目	含量（%）
原料	
胆碱（50%）	0.27
苏氨酸	0.12
蛋氨酸	0.10
合计	100.00
营养指标	
猪消化能（MJ/kg）	12.35
干物质含量	87.87
粗蛋白质	13.47
钙	0.81
总磷	0.68
可利用磷	0.36
赖氨酸	0.97
蛋氨酸	0.34
蛋氨酸+胱氨酸	0.60
粗纤维	5.02
粗灰分	7.41
可消化赖氨酸	0.82
可消化蛋氨酸+可消化胱氨酸	0.50
可消化蛋氨酸	0.31

表 5-6 妊娠母猪前期料推荐配方

项目	含量（%）
原料	
玉米	46.12
油米糠	15.00
小麦麸	20.00
大豆粕（43%）	7.10
统糠	6.58
磷酸氢钙	1.91
石粉	1.11

（续）

项目	含量（%）
原料	
1%妊娠母猪预混料	1.00
盐	0.50
胆碱（50%）	0.40
赖氨酸（98.5%）	0.22
苏氨酸	0.06
合计	100.00
营养指标	
猪消化能（MJ/kg）	11.70
干物质含量	87.77
粗蛋白质	12.37
钙	0.92
总磷	0.98
可利用磷	0.46
赖氨酸	0.68
蛋氨酸	0.18
蛋氨酸+胱氨酸	0.41
粗纤维	7.42
粗灰分	10.32
可消化赖氨酸	0.56
可消化蛋氨酸+可消化胱氨酸	0.34
可消化蛋氨酸	0.15

表5-7 妊娠母猪后期料推荐配方

项 目	含量（%）
原料	
玉米（1级）	53.40
小麦麸	18.00
大豆粕（43%）	17.00
统糠	5.00

（续）

项　目	含量（%）
原料	
鱼粉（64.5%）	2.50
L-蛋氨酸	0.10
赖氨酸（98%）	0.10
苏氨酸	0.05
盐	0.30
石粉	0.60
磷酸氢钙	1.40
脱霉剂	0.12
生物素	0.01
维生素 E	0.01
胡萝卜素	0.01
小苏打	0.30
溢康素	0.05
精氨酸生素	0.06
1%母猪预混料	1.00
合计	100.00
营养指标	
猪消化能（MJ/kg）	12.56
粗蛋白质	14.53
总钙	0.95
总磷	0.74
可消化磷	0.46
赖氨酸	1.01
蛋氨酸	0.39
苏氨酸	0.76
粗纤维	5.64
粗灰分	7.23

表 5-8　哺乳母猪料推荐配方

项　　目	含量（%）
原料	
B 类玉米	60.16
大豆粕（46%）	15.84
小麦麸	12.50
玉米蛋白粉	3.00
大豆油	2.00
进口鱼粉	2.00
磷酸氢钙	1.48
石粉	1.11
1%哺乳母猪预混料	1.00
盐	0.50
赖氨酸（98.5%）	0.29
胆碱（50%）	0.12
合计	100.00
营养指标	
猪消化能（MJ/kg）	13.44
干物质含量	87.90
粗蛋白质	17.07
钙	0.91
总磷	0.68
可利用磷	0.42
赖氨酸	1.05
蛋氨酸	0.28
蛋氨酸＋胱氨酸	0.57
粗纤维	3.12
粗灰分	5.94
可消化赖氨酸	0.89
可消化蛋氨酸＋可消化胱氨酸	0.49
可消化蛋氨酸	0.24

第六章
大河猪饲养管理技术

第一节　大河猪仔猪培育技术

一、哺乳仔猪生理特点

哺乳仔猪生长发育快、物质代谢旺盛，特别是蛋白质代谢和钙、磷代谢比成年猪高得多，如生后 20 日龄时，每千克体重沉积的蛋白质相当于成年猪的 30～35 倍，每千克体重所需代谢净能为成年猪的 3 倍。因此，必须保证各种营养物质的均衡供应。哺乳仔猪消化器官不发达，消化腺机能不完善，仔猪的消化酶（尤其是胃蛋白酶）活性大多随日龄的增长而逐渐增强。仔猪出生时没有先天免疫力，只有吃到初乳以后，靠初乳把母体的抗体传递给仔猪，以后逐渐过渡到自体产生抗体而获得免疫力。此外，由于仔猪大脑皮层调节体温的机制发育不全，体内能源储备也很有限。因此，仔猪对环境的适应能力差，尤其怕冷。总之，哺乳仔猪的主要特点是生长发育快和生理机能不成熟，从而造成难饲养、成活率低。

二、新生仔猪护理

（一）产房准备

产前 1 周将产房清扫干净，用清水冲洗后，再用 0.1％牧王百毒杀、0.1％双优碘、0.1％百毒杀、0.1％威特宝碘、2％～3％臭药水消毒。消毒时要选择晴天，消毒后在产前一天重新铺上清洁、干燥、柔软的垫草。

（二）接生

仔猪出生后，用干毛巾将口、鼻黏液擦净，再擦干全身。产后 10min 脐

带停止波动即可断脐，在离仔猪腹部 3～4cm 处剪断，断面用 5％碘酒消毒。

（三）固定乳头

初乳营养丰富，含有很多的免疫球蛋白，有利于恢复体温，建立早期免疫系统，增加抗病力；初乳还有轻泻作用，可促进仔猪排出胎粪。喂初乳前，先将母猪乳头清洗干净，用 0.1％高锰酸钾液消毒，每只乳头挤出 1～2 滴乳汁后，将仔猪人工固定乳头吃乳。由于前 3 对乳头的泌乳量最高，将较弱的仔猪固定在靠前泌乳量大的乳头上，将体重大的强壮的仔猪固定在靠后泌乳量少的乳头上，一般 2～3d 仔猪即可养成固定乳头吃乳的习惯。

（四）防压

产后 3d 内压死仔猪的可能性最大，不能忽视。防压办法：规模化生猪养殖场推广使用母猪产床，农村散养母猪养殖户推广使用"五有一配套"母猪舍，"五有"即有母猪床、护仔砖、红外线保温灯、自动饮水器、补饲栏，"一配套"即配套 1m³ 的青贮窖。

（五）保温

仔猪的适宜温度：1～3 日龄 30～32℃，4～7 日龄 28～30℃，15～30 日龄 22～25℃，2～3 月龄 22℃。因此，分娩猪舍内每个产栏一角应设置一个保温箱，为仔猪创造一个温暖舒适的小环境。以此温暖舒适的环境吸引仔猪入住，达到防冻、防压和补饲三种效果。农村散养户使用的箱体（补饲栏）可用木板制成，这样保温效果比较好；或用砖砌水泥抹面制成，保温效果稍差。

（六）防止母猪咬食仔猪

防止办法是产仔前后供给母猪充足饮水，坚决不让母猪吃胎衣和脏水；吃过一次仔猪的母猪恶习难改，坚决淘汰。

（七）寄养

在生产中对于那些产仔头数过多、无乳或少乳，母猪产后因病死亡的仔猪应采取寄养措施。为使寄养成功，要求选择的养母性情温驯、泌乳量大，养母与生母的产仔期尽量相近，最好不超过 3d，并保证被寄养的仔猪吃上初乳；

同时，在寄养仔猪身上涂抹养母的乳汁或尿液，使被寄养仔猪与养母仔猪有相同的气味，母猪无法辨别。

三、引诱仔猪提早采食

提早诱食是仔猪培育的中心环节，根据仔猪喜欢拱地、模仿性强等习性，可采用多种诱食办法。生后 5～7d 开始诱食，使用黄豆、豌豆、玉米、小麦等炒香、粉碎、加糖或用乳猪配合饲料进行诱食。将上述诱食料加水拌潮，撒在地上，让母猪拱食，仔猪就会模仿。每天要多次进行。如果母猪乳量太好，仔猪难调教，可将加糖诱食料调成糊状用手指强行一头头塞入仔猪口中。几次以后，仔猪就会自己去拱食，最长不要超过 15 日龄让仔猪学会自己吃料。

四、仔猪补饲的关键环节

仔猪补饲应着重做好"三补"，即补料、补矿物质和补水。初生仔猪完全依靠吃母乳为生，但随着仔猪日龄的增加，其体重和所需要的营养物质与日俱增，而母猪的泌乳量在分娩后先是逐日增加，产后 20～30d 达到泌乳高峰，以后则逐渐下降，通常仔猪从生后 2～3 周龄单靠母乳已不能满足其快速生长发育的需要。补充营养的唯一办法就是给仔猪及时补充优质饲料。补料的时间应在 5～7 日龄开始。哺乳仔猪提早补料还可促进胃肠发育，解消仔猪牙龈发痒，防止腹泻。开始训练仔猪认料时要有一定的强制性和诱导性，每个哺乳母猪圈都应装设仔猪补料栏，内设补料槽和自动饮水器，每天数次短时间将仔猪关进补料栏，限制吮乳、强制吃料。平时仔猪可随意出入，日夜都能采食饲料。根据仔猪具有探究行为和模仿与争食的习性采取措施可诱导仔猪尽早开食。应选择营养丰富、容易消化、适口性好的原料配制成全价饲料。配合时需有良好的加工工艺，粉碎要细、搅拌要均匀，最好制成经膨化处理的乳猪颗粒料，保证香甜、松脆等良好的适口性。

哺乳仔猪补饲有机酸，可以提高消化道的酸度，激活胃蛋白酶的活性，提高对饲料的消化率，并有抑制有害微生物繁衍的作用，可降低仔猪消化道疾病的发生率。常用的有机酸有柠檬酸、延胡索酸、乙酸和丙酸等。

哺乳仔猪矿物质的补充主要是铁。初生仔猪体内铁的储存量很少，约为50mg，每日生长发育约需铁 7 mg，母乳中含铁量少而较恒定，仔猪每日从母乳中最多可获得 1 mg 铁。因此，仔猪体内储存的铁很快就会耗尽，如得不到及时补充，就会影响血红蛋白的形成而发生营养性贫血。补铁的方法有口服和注射两种，其中，肌内注射补铁针剂简便易行、效果确实，补铁的时间是在仔猪 2～3 日龄。此外，还应给哺乳仔猪补铜、补硒。

仔猪生长迅速、代谢旺盛，这个阶段其单位体重的需水量在一生中是最高的。规模化猪场的分娩栏内应设专供仔猪随时饮水的自动饮水器，如无此装置，应从仔猪 3 日龄开始用水槽补给清洁的饮水。

（一）饲料

仔猪补饲料可购买乳猪料，有条件的农户也可自己配制。参考配方：玉米 48%，蚕豆（炒黄）12%，黄豆（炒）8%，麦麸 16%，菜籽饼 4%，鱼粉 10%，骨粉 1.5%，食盐 0.3%，添加剂 0.3%，猪用多维素 0.01%。每头每日喂料量：开始时 0.1kg，逐渐增加，50 日龄可加到 0.5kg。

（二）补饲方法

配合饲料可干粉喂、拌潮喂，但不要调稀喂。青饲料要嫩，切碎拌料喂，也可单独投放。每日补饲 4～5 次。

（三）母仔分食

圈内设补饲栏，留供仔猪进出的孔洞，仔猪可自由入内采食，母猪吃不到。如果没有补饲栏，补饲时大部分营养好的乳猪料会被母猪吃掉，不经济；而仔猪吃母猪料，增重就会慢一些。

另外，要保证水槽里随时有清洁饮水供给仔猪。如有条件可在 3～20 日龄仔猪饮水中加入盐酸（每 1 000mL 水加入盐酸 8～10mL）可补充胃酸，提高仔猪消化和抗病力。

五、仔猪去势、防疫、断奶和驱虫

仔猪 35～40 日龄进行去势；45 日龄注射副伤寒菌苗，断奶时注射猪瘟疫苗；50～60 日龄断奶，或根据仔猪的培育情况决定断奶时间。断奶时最好仔猪不离圈，赶走母猪。50～90 日龄进行驱虫，可用驱虫精擦耳，10kg 体重用 1mL；或用阿苯达唑，每 10kg 体重 50～100mg 拌料喂服。

第二节　大河猪保育猪（断奶仔猪）饲养管理

一、生理特点

（一）生长发育速度快

断奶仔猪正处于一生中生长发育最快、新陈代谢最旺盛的时期，每天沉积的蛋白质可达 10～15g，而成年猪仅为 0.3～0.4g。因此，需要供给营养丰富的饲料，一旦饲料配给不足、营养不良，就会引起营养缺乏症，导致其生长发育受阻。

（二）消化机能不完善

刚断奶的仔猪由于消化器官发育不完善，胃液中仅有凝乳酶和少量的胃蛋白酶，消化机能不强，如果饲养管理不当，极易引起腹泻等疾病。

（三）抗应激能力差

仔猪断奶后，因离开母猪开始完全独立的生活，对新环境不适应，若舍温低、湿度大、消毒不彻底等，均会产生应激，引起仔猪条件性腹泻等疾病。

二、饲养管理关键点

断奶仔猪的生长性能决定了育肥猪的上市时间，若要获得良好的断奶后生长性能，必须从营养、环境、疾病等多方面进行综合管理，偏重任何一方都不会获得理想效果。

（1）断奶方法　仔猪断奶的方法有以下 3 种：

①一次断奶法　仔猪达到预定断奶时间后，一次断然将母猪和仔猪分开。

②分批断奶法　按仔猪的发育状况、进食量及用途分别先后陆续断奶。

③逐渐断奶法　逐渐减少仔猪哺乳次数而实现断奶。

以上 3 种方法各有利弊，对现代大规模养猪企业来说，一次断奶法较为适宜。使用一次断奶法时，应于断奶前 3d 减少母猪精饲料和青饲料喂量，以降低泌乳量，并应注意对母猪及仔猪的护理。采用地面平养分娩的猪场，最好采取逐渐断奶或分批断奶，一般 5d 内完成断奶工作。断奶后维持三不变，即原饲料（哺乳仔猪料喂养 1～2 周）、原圈（将母猪赶走，留下仔猪）、原窝（原窝转群和分群，不轻易并圈、调群）；实行三过渡：饲料、饲喂制度、操作制度逐渐过渡，减少断奶应激。

（2）断奶时间　仔猪断奶的时间，主要取决于猪场的饲养条件和管理方式。农村传统养猪仔猪一般于 56～60 日龄断奶；而规模化养猪通常于仔猪 3～5 周龄断奶，即早期断奶；仔猪生后 2 周龄以内断奶称为超早期断奶。在养猪生产中，目前推广 4～5 周龄早期断奶。

（3）采食量　断奶后 5～6d 内要控制仔猪采食量，以喂七八成饱为宜，实行少喂多餐（一昼夜喂 6～8 次），逐渐过渡到自由采食。投喂饲料量总的原则是在不发生营养性腹泻的前提下，尽量让仔猪多采食。实践表明，断奶后第 1 周仔猪的采食量平均每天如能达到 200g 以上，就会有理想的增重。

（4）清洁饮水　昼夜供给充足的清洁饮水，并在断奶后 7～10 d 内的饮水中加入水溶性电解质等，促进仔猪采食和生长，防止仔猪腹泻。

（5）合理分群　仔猪栏多为长方形，长 1.8～2.0m、宽约 1.7m，面积为 3.06～3.40m²，每栏饲养仔猪 8～10 头。仔猪断奶后头 1～2d 很不安定，经常嘶叫寻找母猪，尤其是夜间更甚。为了稳定仔猪的不安情绪，减轻应激损失，最好采取不调离原圈、不混群并窝的"原圈培育法"。仔猪到断奶日龄时，将母猪赶到空怀母猪舍，仔猪仍留在产房饲养一段时间，待仔猪适应后再转入仔猪培育舍。在原来的环境和有原来的同窝仔猪，可减少断奶刺激。

规模化养猪生产采取全年均衡生产方式，各工艺阶段设计严格，实行流水作业。仔猪断奶立即转入仔猪培育舍，产房内的猪实行全进全出，猪转走后立即清扫消毒，再转入待产母猪。断奶仔猪转群时一般采取原窝培育，即将原窝仔猪（剔除个别发育不良的个体）转入培育舍关入同一栏内饲养。如果原窝仔猪过多或过少，需要重新分群，可按其体重大小、强弱进行并群分栏，同栏同群仔猪体重相差不应超过 1～2kg。将各窝中的弱小仔猪合并分成小群进行单独饲养。合群仔猪会有争斗位次现象，可进行适当看管，防止咬伤。

（6）提供良好的环境条件

①温度　断奶仔猪适宜的环境温度：30～40 日龄为 21～22℃，41～60 日龄为 21℃，61～90 日龄为 20℃。为了能保持上述温度，冬季要采取保温措施，除注意房舍防风保温和增加舍内养猪头数保持舍温外，最好安装取暖设备，如红外线保温灯、暖气（包括土暖气）、热风炉和煤火炉等。在炎热的夏

季则要防暑降温，可采取喷雾、淋浴、通风等降温措施。

②湿度　培育舍内湿度过大会增加寒冷和炎热对猪的不良影响。潮湿有利于病原微生物的滋生繁殖，可引起仔猪多种疾病。断奶仔猪舍适宜的相对湿度为65%～75%。

③清洁卫生　猪舍内外要经常清扫，定期消毒，杀灭病菌，防止传染病。

④保持空气新鲜　猪舍空气中的有害气体对猪的毒害作用具有长期性、连续性和累加性。对栏舍内粪尿等有机物要及时清除处理，减少氨气、硫化氢等有害气体的产生，控制通风换气量，排出舍内污浊的空气，保持舍内空气清新。

（7）预防疾病　需要特别防治的疾病有水肿病，繁殖与呼吸道综合征病毒引起的肺炎，沙门氏菌引起的肠炎、败血症，链球菌引起的多发性浆膜炎、脑膜炎及关节炎，断奶后多发性全身消瘦综合征。对于发病猪要隔离治疗，特别照管，连续治疗3～4d仍无明显效果者予以淘汰扑杀。

第三节　生长育肥猪饲养管理

养猪生产目标是获得最大生长速度，同时将饲料成本猪的生长速度、生长的成分以及能量消耗受3种因素的影响：瘦肉生长能力、饲料摄入水平、维持能量需要。对维持能量的需要，各品种猪的差异不明显，而采食量和瘦肉生长速度各品种间的差异较大。

一、育肥猪饲养方式和饲养管理

（一）饲养阶段划分

根据大河猪的生长发育规律，可将饲养期分成两个阶段，前期：体重25～60kg；后期：体重60～100kg。也可分成三个阶段，前期：体重25～40kg；中期：体重40～60kg；后期：体重60～100kg。然后根据各阶段的生长发育特点，采取不同的营养水平和饲喂技术，以获得好的增重效果，提高饲料利用率。

（二）分群与分栏饲养

生长育肥猪要根据性别、体重的大小分栏饲养。分群与分栏的原则为：

（1）不同性别猪（去势公猪、未去势公猪、小母猪）的采食量和瘦肉生长速度不同，一般去势公猪的采食量高于未去势公猪和小母猪；而未去势公猪的瘦肉生长速度却高于其他两种，去势公猪与小母猪的瘦肉生长速度差异较小。因此，严格的管理应根据不同性别猪的瘦肉生长和采食量变化制定不同的营养标准，以满足其生长需要，降低生产成本。

（2）同栏猪的体重大小应尽量接近，最大的猪或最小的猪不应偏离平均重10%以上，否则会严重影响仔猪的采食与生长。生长育肥猪以每栏10～15头为宜，这样可以减少争斗，每栏最多不应超过30头，且栏内应有足够的采食和饮水位置，否则争斗频繁，影响猪的生长。

（三）适宜的饲养密度

饲养密度会影响猪的采食量、日增重和饲料效率。实践证明，体重15～60kg的育肥猪所需面积为0.8～1m^2/头，体重60kg以上育肥猪为1.4m^2/头。

在集约化或规模化养猪场，猪群的密度较高，每头育肥猪占用面积较少。一个7～9m^2的圈舍（围栏），可饲养体重10～25kg的猪20～25头，饲养体重60kg以上的猪10～15头。

（四）饲喂次数

增加饲喂次数，可减少饲料浪费约10%（水泥槽），少量多餐，饲料中的营养能够被充分吸收，并能减少饲料溢出造成的浪费。实际生产中有自由采食与分餐饲喂两种方式。自由采食符合少量多餐的原则，有利于饲料中营养成分的充分吸收，能提高饲料中添加的赖氨酸的吸收利用率，因此，有条件的养殖场最好采用自由采食料箱。对于采用分餐饲喂的，每天喂几次，要根据猪的年龄和饲粮组成来掌握。幼龄猪胃肠容积小、消化能力差，而相对饲料需要量多，每天至少喂6～8次。猪长至体重35kg以上的中猪阶段，胃肠容积扩大、消化力增强，可减少饲喂次数，每天喂3～4次。更多增加饲喂次数无必要，不仅浪费人工，还影响猪的休息和消化。每次饲喂的间隔应尽量保持均衡，饲喂时间应在猪食欲旺盛的时候。如夏季日喂3次，早晚可多喂，中午少喂。早晚喂料时间以6：00和18：00为宜。分餐饲喂的，要提供足够的槽位（猪的两肩宽度），以便所有的猪都能同时进食，否则会造成不同个体间的采食量不均，进而导致生长率不一，影响整圈猪的生长效率。分餐饲喂有利于生长后期的限食，但对于使用添加赖氨酸等氨基酸的饲料，分餐饲喂不利于氨基酸的吸收利用。

（五）饲料形态

饲料可以干喂或湿喂，也可喂以液态饲料。饲料按形态分为颗粒料和粉料。颗粒料一般用自由采食箱干喂。颗粒料有利于长途运输，有利于氨基酸的吸收利用。粉状料最好不要干喂，以免造成空气中的粉尘过多，导致呼吸道疾病增多。粉状料最好以液态饲料饲喂或湿拌喂。使用粉状料，必须保证肉猪有充分的采食时间，特别是喂干粉料更需要较长的采食时间（每次在40min以上）。

液态饲料通常干物质与水的比例为1∶3左右。农村养猪习惯喂稀料，而且加水很多，水和料的比例甚至达8∶1，喂过稀的饲料会影响猪对饲料的充分咀嚼，并冲淡消化液，降低各种消化酶的活性，同时相对减少了采食量，满足不了猪对营养物质的需要从而降低增重速度。

湿喂（湿拌料）一般料水的比例以2∶1为好，湿拌料一方面可以大大减少舍饲条件下舍内空气中的粉尘量，有利于猪的健康；另一方面可改善适口性，增加采食量5%～10%，并对饲料的利用率略有改善。但在夏天使用应防止腐败变酸。

（六）合适的采食量

当猪采食的能量超过维持需要量以上时，多余的能量首先大部分用于生长瘦肉，但当猪的瘦肉生长达到极限时，再多摄入的能量就会用于沉积脂肪，导致背膘变厚，饲料利用率降低。因此，在实际生产中应根据饲养品种的采食能力和瘦肉生长能力，适当给予合理的采食量，以达到瘦肉的生长速度最大而又不会有过多的脂肪沉积。

（七）饲喂方式

生长育肥猪可采取自由采食的饲喂方式，也可适当限量饲喂。一般情况下，自由采食的猪日增重高、背膘较厚、饲料利用率稍差，而适当限量饲喂的猪日增重低、背膘薄、饲料利用率稍高。如为追求高日增重，以自由采食为好；如为获得高的瘦肉率，则可适当限量饲喂。在实际生产中可采用猪体重

60kg 以前自由采食，以提高其增重速度；猪体重 60kg 以后则适当限饲，以减少背膘厚，提高饲料利用率。

（八）饮水

生长育肥猪的饮水管理极为重要，饮水方式不当，容易造成饮水的被污染，或造成饮水的极大浪费而导致污水处理的难度增加。最好采用自动饮水器或提供足够数量的饮水槽位。猪只产生渴感就会找水喝，若饮水槽位不足就会引起争斗增多，甚至引起恶癖（咬尾等），影响猪的生长；若使用的饮水器出水量不足（达不到每分钟 2L 的出水量），猪就会产生挫折感而离开饮水器，而饮水不足会直接减少采食量，影响猪的正常生长。

二、生长育肥猪日常管理

（一）圈舍清洁消毒

生长育肥猪的管理重点为圈舍的清洁消毒工作，保持舍内适当温度及采取良好的通风降温措施，并认真做好记录。仔猪转出保育猪栏时以 3～4 窝为一组，小心地赶进一栏内。然后根据仔猪的性别分开，再根据体重的大小和强弱分栏，达到体重相近、公母分群饲养的目的。仔猪转至生长（育成）猪栏后，前 3d 要进行严格的调教工作，做到吃料、睡觉、排粪三定点，防止咬斗。仔猪转出保育猪栏的当天停止喂料或转入 4～6h 以后给喂少量的料。转入的前 3d 适当限食，以后逐步增加，7d 后方可正常饲喂。仔猪转群分栏完成后，每个栏填写一张记录卡，记录转群日期、该栏猪头数及其出生日期、断奶日期、各种疫苗的注射日期等，随后这张记录卡随猪群的转移跟踪到育肥台，当猪只出售时记录出栏日期，收集保存。如果育成与育肥分阶段分猪舍饲养，尽量以原来的整栏猪为基础转圈，以减少重组群咬斗。

认真做好清洁消毒工作非常重要，要防止有害气体过多。定期进行喷雾消毒，喷雾的量无须太多，关键要雾化程度高，以净化空气中的微生物和尘埃，减少在高密度饲养情况下的外伤感染和呼吸道疾病的发生。猪每次出栏后要及时冲洗和消毒圈舍，并消毒赶猪的通道。通常出售商品猪后，栏内可能还会留几头较小的猪只，此时应该采用以多混少（把大群栏内的猪赶到猪少的栏内）

的办法进行并栏，同时用消毒药消毒圈舍与猪身，以消减不同猪只的气味和防止打斗造成外伤感染。

(二) 创造适宜的环境条件

适宜的环境是育肥猪发挥正常生长潜能的必要条件。环境条件主要是指温度、湿度、空气清洁度、空气流通及圈舍卫生等。实际工作中，防止环境条件过度变化主要是指温度以及与温度作用紧密相关的湿度、空气流通的变化。成年猪的正常体温是 39.2℃，小猪的体温要略高一些。根据大量的试验以及长期的经验，一般认为 15～22℃是生长育肥猪的最适温度，其中体重 30kg 以下育肥猪的最适温度为 22℃左右，体重 60kg 以上育肥猪的最适温度为 15℃左右。当环境温度过高时育肥猪就会烦躁不安、气喘、不愿进食，这时需设法降温，如打开窗户，使空气流通；水源充足的地方，可用水冲刷猪圈或直接冲洗猪身降温。在猪圈外植树、架藤等，避免阳光直接照射，也可调节环境条件，起到降温的作用。夏天气温超过 30℃时，应做好舍内的降温工作。温度过低时，育肥猪会相互拥挤，并大量采食以抵御寒冷，不但浪费了饲料，也造成育肥猪体重下降。这时，可给育肥猪铺垫较厚的褥草并经常更换，加强猪圈的修补，堵塞门窗上的风洞，防止出现大股的穿堂风。

(三) 运动管理

生长猪在育肥过程中，应防止过度运动，特别是激烈的争斗或追赶。这不仅会过多地消耗体内的能量，还会使育肥猪由于过度运动受到损伤，影响生长。更严重的是瘦肉型猪激烈运动和惊恐时，容易发生应激反应综合征，突然出现痉挛、四肢僵硬，严重时会当场死亡。因此，无论是从保护育肥猪免于死亡，还是从饲料的有效转化来讲，都应该防止育肥猪过度运动，更不能追赶和惊吓。

三、最佳屠宰体重

大河猪的最佳屠宰体重的确定，由日增重、饲料利用率、每千克饲料的价格、胴体瘦肉率、每千克活重售价等进行综合分析而决定。经济学定义最佳屠宰重是"单位增重带来最小利润时的重量"。市场需求、脂肪和瘦肉生长量、

投入成本和胴体品质等决定了经济学上的最佳屠宰重。一般瘦肉生长能力越高，则最佳屠宰重量越大。因此，在某种程度上是由猪的生长曲线决定着屠宰重量。实际生产中，屠宰的最佳体重为 90～100kg，但在毛猪市场价格高、饲料价格低时可到 110kg。

第七章
大河猪保健与疫病防控

第一节　大河猪猪群保健

一、健康检查

在猪群没有暴发疾病时，应定期对猪群的整体健康状况和生产能力做出评估。在暴发疾病之后，应对猪群进行流行病学调查，对具有典型症状的病猪详细进行个体检查，对病死的猪只进行病理剖检，必要时采集病料进行实验室检查。

（一）健康调查的内容

健康调查的内容包括疾病流行情况（最初发病的时间、地点，传播蔓延情况，目前疫情分布，即数量、性别、年龄、发病率和死亡率）、流行过程、疾病的发展情况、饲养管理情况、免疫接种、驱虫及药物预防情况。

（二）临床诊断

临床诊断就是利用人的感官或借助一些简单的器械（仪器），如体温计、听诊器等直接对猪群或病猪进行检查，并对猪病做出初步诊断。

（三）临床诊断的步骤和方法

临床检查时应先对全群猪进行初步检查，检出病态猪只。然后再对可疑病态猪只进行个体检查，以确定病性。

1. **群体检查**　一般情况下群体检查时要先静态检查再动态检查，然后检查饮食状况。静态检查在猪群安静休息、保持自然状态的情况下，观察猪站立和睡卧的姿势、呼吸及体表状态。有无咳嗽、喘息、呻吟、流涎等反常现象，从中发现可疑病态猪。动态检查是在静态检查后驱赶猪群，观察猪只的起立、运动姿势、精神状态、排泄情况等有无异常。饮食检查是为了防止静态检查和动态检查漏检而进行的猪只采食、饮水观察。在猪只自然采食、饮水时，或有意喂给少量食物和饮水，观察有无异常情况。

2. 个体检查　对从群体检查中检出的可疑病态猪要详细进行个体检查。个体检查的方法有体温测量、视诊、触诊、听诊和叩诊。

（1）体温检测　各种健康动物的体温都有一定的正常范围，大猪的正常体温为 38～39.5℃，小猪的正常体温为 38～40℃。

（2）精神状态检查　健康动物的兴奋与抑制总是保持着动态平衡，静态时安详，行动时灵活，对外界反应敏锐。

（3）可视黏膜检查　可视黏膜包括眼结膜、鼻黏膜、口腔和舌黏膜、外生殖道黏膜。猪正常黏膜的颜色呈粉红色。

（4）排泄检查　动物排泄情况能提示消化系统和泌尿系统的状况。

（5）毛、皮检查　被毛和皮肤异常能反映出急性、慢性病程，在有些疫病诊断中起决定性作用。

（6）体表淋巴结检查　淋巴结可用看、摸、穿刺的方法检查。猪主要检查咽喉、颈淋巴结。

（7）呼吸检查　主要检查呼吸运动和鼻液性状。呼吸运动包括呼吸频率、节律、强度以及呼吸式、有无呼吸困难。

（8）脉搏检查　用手触感猪体表动脉搏动，正常脉搏节律均匀、不快不慢，脉数恒定。

二、兽医卫生防疫制度

（一）选好场址，合理布局

猪场应建在地势高燥、水源充足、排水便利、交通方便，离公路、河道、学校和工厂 500m 以外的地方。生产区和办公区要严格分开，母猪、公猪、仔猪、育肥猪应分开饲养。场门、生产区入口处应设置消毒池。粪场、病猪舍、兽医室应设在猪舍的偏下风向处。净道与污道分开，不交叉。

（二）猪场隔离制度

（1）商品猪实行全进全出或实行分单元全进全出。每批猪出栏后，圈舍应空置 2 周以上，并进行彻底清洗、消毒，杀灭病原，防止连续感染和交叉感染。

（2）原则上谢绝无关人员进入生产区，本场工作人员和饲养员进入生产区时，必须按规定更换工作服和鞋帽并经彻底消毒后方可入内。

（3）场外车辆、用具等不准进场，出售种猪、肥猪、仔猪须在生产区外进行。

（4）猪场内不准养猫、犬、鸡、鸭等动物。饲养员不得串猪舍，用具和所有设备要固定在本舍内使用。

（5）生产区和猪舍入口处应设消毒池，池内的消毒药液要定期更换（可用 2% 氢氧化钠溶液），保持有效浓度，车辆、人员都要从消毒池经过。

（6）不准在生产区或猪舍内宰杀猪或解剖死猪。不准把生猪肉带进生产区或猪舍。病死猪的尸体和废弃物必须按规定进行烧毁、深埋等无害化处理。

（7）猪场或养猪专业户最好实行自繁自养，既可避免买猪时带进传染病，也可利用杂交一代的杂种优势，提高养殖效益。必须引种时，应调查卖方猪场或地区疫病流行情况，只能从无疫病流行的猪场或地区购入种猪，并须经当地动物检疫部门检疫，签发检疫证明。种猪运回后，应放在隔离舍隔离检疫观察 1 个月以上，每天派专人进行检查，必要时采血做血清学检查，确认猪体健康后经全面消毒方可入舍混群。最好在隔离观察期间，将本场淘汰的没有注射过疫苗的健康猪混入隔离舍，经过同居感染试验未发现猪病，才准并入。在隔离观察期间还应驱除种猪体内外寄生虫，没有注射疫苗的应补注疫苗。

（三）猪场清洁、消毒制度

（1）根据生产实际，制订消毒计划和程序，确定消毒用药及其使用浓度、方法，明确消毒工作的管理者和执行者，落实消毒工作责任。

（2）猪粪尿不仅臭味浓，吸引苍蝇，产生氨气，危害猪群健康，而且是传播疾病的重要媒介，必须随时清除，并将粪便送发酵池处理或堆积发酵。

（3）猪舍要经常开窗通风，保持舍内清洁干燥，空气新鲜，冬暖夏凉。

（4）定期对圈舍、道路、环境、食槽和用具进行清洗、消毒。猪转群或出栏净场后，要对整个猪舍和用具进行一次全面彻底的消毒，方可再进猪。

（四）灭鼠、灭蚊蝇

对蚊蝇的滋生源污水、粪尿等集中堆积发酵并进行覆盖。对舍外排污沟、厕所严格控制管理，定期喷洒药物。合理地安排灭鼠时间和投放毒饵的地点，及时收集清理死鼠和残余鼠药，并做无害化处理。污水经严格消毒处理后才能排出，避免病原向外扩散。

（五）猪场免疫及药物预防制度

（1）应根据当地动物疫病流行病学和本猪场实际情况，科学制订切实可行的免疫程序，严格按照程序实施免疫预防，并规范建立免疫档案。

（2）根据当地寄生虫病的发生和危害程度，选择最佳驱虫药物，定期对猪只进行驱虫。

（六）疫情监测

兽医和饲养员、管理人员应每天早晚巡视猪舍，检查猪舍卫生状况，观察猪的精神状态、活动、采食、饮水及排便情况，发现病猪，立即报告。

三、消毒

（一）消毒的分类

消毒是指采用物理的、化学的和生物的方法，将病原微生物消灭于外环境中，使其无害化，以切断传染病的传播途径，阻断传染病的扩散，从而达到保护人和动物健康的目的。根据消毒的具体目的可分为：预防性消毒、随时消毒、终末消毒。

1. 预防性消毒　预防性消毒是指为了预防传染病和寄生虫病的发生，在平时对畜禽圈舍、场地、环境、人员、车辆、用具和饮水、饲料等进行的消毒。预防性消毒应定期地、反复地进行。

2. 随时消毒　随时消毒是指在发生传染病时，为了及时消灭从患病动物体内排出的病原体而采取的应急性消毒措施。消毒对象包括病畜所在的圈舍、隔离场地以及被病畜分泌物、排泄物可能污染的一切场所、用具和物品等。随时消毒应及时进行，通常要进行多次消毒。

3. 终末消毒　终末消毒是指在病畜解除隔离前或痊愈或死亡后，或者在疫区解除封锁之前，为了消灭疫区内可能残留的病原体，对疫区所进行的全面彻底的最后一次大消毒，特点是全面彻底。终末消毒后，即可恢复正常的生产和工作程序。

（二）常用消毒方法

常用的消毒方法有：物理消毒法、化学消毒法、生物学消毒法。

1. 物理消毒法　包括机械消毒、焚烧消毒、火焰消毒。

2. 化学消毒法　指应用各种化学药物（消毒剂）抑制或杀灭病原微生物的方法。是最常用的消毒方法，也是消毒工作的主要内容。常用的化学消毒方法有洗刷、浸泡、喷洒、熏蒸、拌和、撒布、擦拭等。

3. 生物学消毒法　对生产中产生的大量粪便、粪污水、垃圾及杂草多采用发酵法，利用发酵过程所产热量杀灭其中病原体，是各地广泛采用的生物学消毒方法。可采用堆积发酵、沉淀池发酵、沼气池发酵等，条件成熟的还可采用固液（干湿）分离技术，并可将分离固形物制成高效有机肥料，液体经发酵后用于渔业。

（三）不同消毒药物的性状、使用方法及适用对象

1. 酒精　70%～75%酒精常用于消毒注射部位、针刺穴位、术部皮肤、外科器械等。

2. 碘酊　又叫碘酒，常用2%～5%浓度。消毒注射部位、手术部位，可杀灭细菌、芽孢和病毒。

3. 高锰酸钾　可除臭消毒，用于杀菌、消毒，且有收敛作用，其0.1%水溶液，用于冲洗创伤等。

4. 过氧化氢　又叫双氧水，常用3%溶液冲洗化脓创腔。

5. 福尔马林　1%福尔马林溶液（含甲醛0.4%）用于畜体体表喷雾消毒；2%福尔马林溶液用于栏舍、用具等喷雾消毒；5%～10%福尔马林溶液用于浸泡保存尸体标本。

6. 氢氧化钠　又称火碱、烧碱。2%～4%氢氧化钠溶液，用于病毒和细

菌污染的栏舍、食槽或运输车辆的消毒。

7. 漂白粉 又称含氯石灰，5%～10%水混悬液用于消毒细菌、病毒污染的栏舍、食槽或运输车辆等，需现配现用。

8. 石灰乳 现配现用，10%～20%石灰乳常用于栏舍、场地消毒。生产实践中也常用于掩埋病死畜禽，掩埋时先撒上生石灰粉，再盖上泥土，能够有效地杀死病原微生物。

9. 来苏儿 1%～2%溶液用于手消毒，3%～5%溶液用于器械物品消毒，5%～10%溶液用于环境、排泄物的消毒。

10. 过氧乙酸 0.2%～0.5%过氧乙酸溶液用于病毒和细菌污染的栏舍、食槽或运输车辆的消毒。

11. 消毒灵 主要用于畜禽栏舍、设备器械、场地的消毒，杀菌作用强。

12. 百毒杀 适合于饲养场地、栏舍、用具、饮水器的消毒。

此外，为适应栏舍、场地消毒需要，有些厂家已生产一些专用消毒液，可按药液说明书使用。如强力消毒灵、抗毒威等。

（四）规模化养猪场消毒程序

猪场实行全进全出制度，每栋猪舍全群移出后，在进新猪以前，必须按下列程序进行全面彻底的消毒，确保新猪群免受可能存在于原猪舍的病原体感染。

（1）先将猪舍内的地面、墙壁、通道、下水道、排粪沟、猪栏、猪圈、饲料槽、用具等彻底清除污物，打扫干净，然后用高压水枪冲洗。

（2）干燥后用2%氢氧化钠溶液洗刷消毒，不宜用氢氧化钠消毒的金属物品可用0.1%新洁尔灭清洗消毒。第2天再用高压水枪冲洗1次。

（3）干燥后再用百毒杀或过氧乙酸等喷雾消毒1次。

（4）福尔马林熏蒸消毒。每立方米空间用福尔马林溶液25mL，高锰酸钾25g，水12.5mL，计算好用量后先将水和福尔马林混合于容器中（分点放），然后将高锰酸钾放入容器中，并用木棍搅拌均匀，立即关闭门窗，24h后打开门窗通风，空舍1周后可进入新猪。

（5）定期清扫、冲洗猪舍及道路，清除粪便、污物等，保持舍内卫生清洁；定期通风换气，保持空气新鲜。生产区专用送料车每3d消毒1次，每天或隔2～3d用高效低毒的消毒药，按带畜禽消毒浓度洗刷水槽、料槽和喷洒地面、墙壁、动物体表等。

（6）进入生产区的物品、用具、工具、器械、药品等要在专用消毒间消毒后才能进入猪舍。工作人员进入生产区必须沐浴并更换消毒后的衣、帽、鞋才能进入猪舍。

（7）生产区内的工作人员，送料车以及不同年龄的猪只转群等均应定向流动。

（五）消毒注意事项

（1）在选择消毒药物时，应本着以人为本、保护环境的宗旨，以对病原有高效的杀灭作用，对人和动物无毒或低毒，并且不会或极少对环境造成残留为原则。

（2）正确使用消毒药物，按消毒药物使用说明书的规定与要求配制消毒溶液，药量与水量的比例要准，不得随意加大或减小药物浓度。

（3）不准任意将两种不同消毒药物混合使用，因为两种消毒药物混合时可能因物理或化学性的配伍禁忌而使药物失效或产生毒性。

（4）消毒时要严格按照消毒操作规程进行，因为消毒剂只有接触病原微生物才能将其杀灭。因此，喷洒消毒剂一定要均匀，每个角落都喷洒到位，避免操作不当影响消毒效果。

（5）消毒药物要定期轮换使用，不要长时间使用一种消毒药物，以免产生耐药性。

（6）消毒药最好现配现用，因为配好的消毒药物放置时间过长会降低浓度或失效。

（7）在使用消毒剂消毒时，必须先将消毒对象（地面、设备、用具、墙壁等）清扫、洗刷干净后，再使用消毒剂，使消毒剂能充分作用于消毒对象。

（8）消毒剂与病原微生物接触时间越长，杀死病原微生物越多。因此，消毒时要使消毒剂与消毒对象有足够的接触时间。

四、免疫

（一）免疫接种

免疫接种分为预防免疫接种、紧急免疫接种和临时免疫接种。病毒性和细菌性冻干疫（菌）苗均在−15℃以下保存，保存期一般为2年；在2～8℃保存时，保存期为9个月。油佐剂、铝胶佐剂、蜂胶佐剂灭活疫苗在2～8℃保存，防止冻结，用前充分摇匀。当外界环境温度不超过8℃时，疫苗可常规运输；温度超过8℃需冷藏运输，可用保温箱或保温瓶加些冰块，避免阳光照射。疫苗应尽量避免由于温度忽高忽低而造成反复冻融，以免失活或降低效价。稀释疫苗应按疫苗使用说明书或疫苗瓶签注明的头份，用规定的稀释液和稀释方法稀释疫苗。如无特殊规定可用蒸馏水（或无离子水）或生理盐水，如有特殊规定可用规定的专用稀释液稀释疫苗。

1. 免疫接种前准备

（1）制订免疫接种计划或免疫接种程序　根据当地动物传染病的流行情况和流行特点，制订免疫接种计划，按免疫程序有计划地进行免疫接种。

（2）准备器械和药品疫苗等。

（3）器械应提前消毒。

（4）接种前应了解预定接种动物的健康状况。

（5）接种前应仔细检查疫苗外观和质量。

（6）详细阅读使用说明书，了解其用途、用法、用量和注意事项等。

（7）疫苗在使用前从冰箱中取出，置于室温（22℃左右）2h左右。

（8）吸取疫苗前轻轻振摇疫苗瓶，使疫苗混合均匀；排净注射器、针头内水分；用75%酒精棉球消毒疫苗瓶瓶塞；将注射器针头刺入疫苗瓶液面下，吸取疫苗，吸出的疫苗切不可回注于瓶内。

（9）注射部位要严格消毒。

2. 免疫接种方法

（1）肌内注射　肌内注射部位，应选择肌肉丰满、血管少、远离神经干的部位。猪宜在耳后、臀部、颈部。肌内注射时，确实保定猪，注射部位剪毛、消毒。应严格按照规定的剂量注入，禁止打"飞针"，以免注射剂量不足和注射部位不准。

（2）皮下注射　皮下注射部位宜选择皮薄、被毛少、皮肤松弛、皮下血管少处。猪宜在耳根后或股内侧。皮下注射时，确实保定动物，注射部位剪毛、消毒。注射完后用酒精棉球按住注射部位，将针头拔出，最后涂以5%碘酊消毒。

（3）皮内注射　皮内注射部位宜选择皮肤致密、被毛少的地方，猪宜在耳根后。皮内注射时，确实保定猪，注射部位剪毛、消毒。注射完毕拔出针头，用酒精棉球轻压针孔，以免药液外溢。

3. 免疫接种后的工作

（1）处理疫苗　开启和稀释后的疫苗，当天未用完者应废弃。未开启和未稀释的疫苗，放入冰箱，在有效期内下次接种时首先使用。用完的疫（菌）苗瓶，用过的酒精棉球、碘酊棉球等废弃物应消毒后深埋。

（2）整理免疫接种登记表　免疫接种结束后应认真做好免疫记录。

（3）在接种反应时间内，动物防疫人员要对被接种猪的反应进行详细观察，若出现不良反应要及时处置。

（4）免疫接种前后应抽取一定比例的免疫接种猪，进行免疫抗体监测。

4. 免疫接种操作注意事项

（1）注意个人消毒和防护免疫。

（2）注意选择疫苗。

（3）疫苗稀释后要立即使用。

（4）防止疫苗被污染。

（5）注射器、针头大小要适宜，应根据猪只大小选择适宜的注射器。

（6）防止散毒。

（7）注意无菌操作。

（8）注意接种剂量要准确。

（9）注意疫苗存放条件要符合要求。

（10）接种活菌苗时，在接种前后10d，禁止使用和在饲料中添加抗生素、磺胺类药物。

（二）药物预防

应根据猪只不同的生长阶段及当地疫病流行规律，结合养猪场的生产实际，有针对性地选用药物对猪群进行保健预防。

1. 药物预防用药的原则

（1）要根据猪场与本地区猪病发生与流行特点、季节性等，有针对性地选择预防药物。

（2）猪场要定期更换不同时段的预防药物。

（3）当两种或多种药物同时使用时，要注意药物配伍禁忌。

（4）禁止使用违禁药物，同时要严格执行休药期等有关规定，以确保猪肉食品的安全。

（5）药物预防用药时要对所用药物的名称、剂量、方法、用药时间等情况进行翔实记录。

2. 预防给药的常用方法

（1）混饲给药法　将预防药物充分搅拌混入饲料中，让猪群通过采食获取药物，以达到预防疾病的一种给药方法。

（2）混水给药法　将预防药物加入饮水中，让猪群通过饮水获取药物，以达到预防疾病的一种给药方法。

五、猪场常备药物、医疗器械和疫苗

（一）猪场常备药物

1. 抗生素类　包括兽用青霉素、兽用硫酸链霉素、兽用硫酸卡那霉素、兽用硫酸庆大霉素、兽用土霉素、兽用四环素、兽用氟苯尼考、兽用金霉素、兽用强力霉素、兽用林可霉素、兽用先锋霉素、兽用红霉素、兽用泰妙菌素和兽用泰乐菌素。

2. 磺胺类　包括磺胺嘧啶钠、磺胺甲基异噁唑、磺胺对甲氧嘧啶、磺胺间甲氧嘧啶和磺胺脒。

3. 抗菌增效剂　某些药物与磺胺药合用以增强磺胺药的疗效而称为磺胺增效剂，主要包括三甲氧苄氨嘧啶（TMP）和二甲氧苄氨嘧啶（敌菌净，DVD）。

4. 其他

（1）痢菌净类抗菌药。本品用于细菌性肠炎和痢疾。

（2）乳酸环丙沙星、盐酸环丙沙星、恩诺沙星均属喹诺酮类抗菌药，广谱高效，用于猪气喘病、猪水肿型大肠杆菌病，仔猪黄白痢，呼吸系统、泌尿系统及全身性感染。

（3）硫酸黄连素注射液，本品为抗菌药，主要用于肠道细菌感染。

5. 抗病毒类　主要有黄芪多糖注射液（抗病毒1号注射液）。

6. 抗寄生虫药　包括盐酸左旋咪唑、敌百虫、伊维菌素、阿苯达唑。

7. 解热镇痛及抗风湿药　包括氨基比林、安乃近和安痛定（复方氨林巴比妥注射液）。

8. 兴奋药　包括安钠咖、肾上腺素和盐酸麻黄碱注射液。

9. 镇静麻醉药　包括盐酸普鲁卡因和盐酸氯丙嗪。

10. 体液补充药　包括葡萄糖和氯化钠。

11. 影响组织代谢药物　包括地塞米松、维生素 C 和维生素 B_1。

12. 特效解毒药　包括亚甲蓝（美蓝）和解磷定。

13. 中药制剂　应用中药理论和现代医学科技对大量中草药组方并提取制成片剂、针剂、散剂等新型制剂，广泛应用于生产实践中，如板蓝根、鱼腥草、穿心莲、双黄连注射液、清热解毒消食健胃散等。

（二）猪场常备医疗器械

注射器、针头、镊子、剪毛剪、体温计、听诊器、煮沸消毒器、搪瓷盘、疫苗冷藏箱、保定用具等。

（三）猪场常备疫苗

1. 猪瘟活疫苗　本品系用猪瘟病毒兔化弱毒株接种易感传代细胞培养，收获细胞培养物。用于预防猪瘟，断奶后无母源抗体仔猪的免疫期为 12 个月。按瓶签注明头份，肌内注射或皮下注射，用灭菌生理盐水稀释成 1 头份/mL，每头 1mL。在没有猪瘟流行的地区，断奶后无母源抗体的仔猪，接种一次即可。有疫情威胁时，仔猪可在 21～30 日龄和 65 日龄左右各接种一次。断奶前仔猪可接种 4 头剂疫苗，以防母源抗体干扰。－15℃以下避光保存，有效期 18 个月。

2. 猪口蹄疫 O 型灭活疫苗　本品用于预防猪的 O 型口蹄疫。各种大小猪只均耳根后肌内注射，体重 10～25kg 猪每头 1mL，25kg 以上猪每头 2mL，注射后 15d 产生免疫抗体。在 2～8℃保存，有效期 12 个月，不宜冻结，避免日光直接照射。

3. 高致病性猪繁殖与呼吸综合征活疫苗　本品用于各种年龄、性别猪的高致病性猪繁殖与呼吸综合征的预防，各种大小猪只均耳根后部肌内注射。按瓶签注明头份，用灭菌生理盐水稀释，仔猪断奶前后接种，母猪配种前接种，每头 1 头份。注射后 6d 产生免疫力，免疫期为 4 个月。保存方法：弱毒冻干苗－20℃冷冻保存，油乳剂灭活苗 2～8℃避光保存，有效期 18 个月。

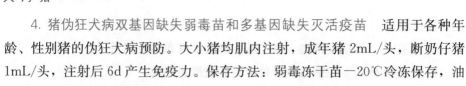

4. 猪伪狂犬病双基因缺失弱毒苗和多基因缺失灭活疫苗　适用于各种年龄、性别猪的伪狂犬病预防。大小猪均肌内注射,成年猪 2mL/头,断奶仔猪 1mL/头,注射后 6d 产生免疫力。保存方法:弱毒冻干苗-20℃冷冻保存,油乳剂灭活苗 2~8℃避光保存。使用方法:用 PBS 稀释为每 2mL 含 1 头份。灭活苗有乳白色油剂和水剂两种。

5. 猪细小病毒弱毒疫苗和灭活疫苗　适用于种公、母猪和后备公、母猪的细小病毒病预防。种公、母猪均于配种前颈部肌内注射 2mL/头,后备公、母猪均于配种前颈部肌内注射两次,每次 2mL/头,间隔 2 周。注射后 4~7d 产生免疫力,免疫期半年。保存方法:弱毒冻干苗-15℃冷冻保存,油乳剂灭活苗 2~8℃避光保存,有效期 12 个月。

6. 猪大肠杆菌灭活疫苗和双价基因工程活疫苗　通过母源抗体预防大肠杆菌引起的仔猪腹泻(黄痢、白痢)。大肠杆菌灭活疫苗呈乳白色均匀混浊液,含有 K88、JK99、987P、F41 复合抗原。免疫妊娠母猪,产前 40d、15d 各注射一次,不论母猪个体大小,每次颈部肌内注射 2mL(头/份)。或 15d 注射一次,4mL(2 头份)。保存方法:灭活苗 2~8℃避光保存,有效期 12 个月;活疫苗-15℃避光保存,有效期 18 个月。

7. 猪乙型脑炎弱毒苗和灭活苗　预防乙脑病毒感染所致母猪流产、死胎、木乃伊胎和公猪睾丸炎。种公、母猪和后备公、母猪,每年 3~4 月接种猪乙型脑炎弱毒苗或猪乙型脑炎灭活苗 1mL/头,间隔 3~4 周做第二次免疫注射,可增强免疫效果。后备公、母猪在配种前注射 2 次,间隔 3~4 周。接种后 1 个月产生免疫力。保存方法:乙型脑炎弱毒苗-15℃以下保存,有效期 18 个月。专用稀释液在 2~8℃的冷暗处保存。乙型脑炎灭活苗在 2~8℃冷暗处保存,严禁冷冻。

8. 猪传染性胃肠炎与猪流行性腹泻二联灭活苗和活疫苗　用于预防猪传染性胃肠炎和猪流行性腹泻。仔猪可通过初乳被动免疫。使用方法:主动免疫,不论猪只大小一律后海穴(即尾根与肛门中间凹陷的小窝部位)注射,灭活苗大猪 4mL、仔猪 1mL、中猪 2mL,活疫苗用生理盐水稀释,大猪 1.5mL、仔猪 0.5mL、中猪 1mL。被动免疫,母猪产前 20~30d 接种,仔猪可通过初乳得到免疫。免疫接种后 7d 产生免疫力,疫苗开封或稀释后在当天使用,隔日废弃。保存方法:灭活苗 2~8℃冷暗处保存,有效期 1 年。活疫苗-20℃以下保存,有效期 2 年;2~8℃保存,有效期 1 年。

9. 猪多杀性巴氏杆菌病活疫苗　用于预防猪多杀性巴氏杆菌病（猪肺疫），免疫期为 6 个月。肌内注射或皮下注射。按瓶签注明头份，用 20％氢氧化铝胶生理盐水稀释为每份 1 mL，每头注射 1mL。—15℃以下避光保存，有效期 12 个月。

10. 仔猪副伤寒活疫苗　本品含猪霍乱沙门氏菌弱毒株，用于预防仔猪副伤寒。口服或耳后浅层肌内注射。适用于 1 月龄以上或断奶健康仔猪。按瓶签注明头份口服或注射，但瓶签注明限于口服者不得注射。口服：按瓶签注明头份，临用前用冷开水稀释为每头份 5.0～10.0mL，给猪灌服；或稀释后均匀地拌入少量新鲜冷饲料中，让猪自行采食。注射：按瓶签注明的头份，用 20％氢氧化铝胶生理盐水稀释为每头 1mL。—15℃以下避光保存，有效期 12 个月。

第二节　大河猪疫病防控的重点

长期以来，有关部门在特别注重对乌金猪（大河猪）保种选育、开发与利用工作，也在不断总结和探索本品种疫病防控的经验和技术措施。

一、疫病防控现状

近年来，富源县以实现无区域性重大动物疫情和畜产品质量安全事故为宗旨，以提高畜禽免疫密度和质量为总目标，坚持"预防为主"的防疫方针，按照省、市人民政府有关重大动物疫病防控工作的总体部署和要求，采取"统一组织、分片包干、集中免疫、整村推进"的模式，在全县 160 个村委会（社区）、1 724 个村全面推行"321"防疫新技术，有效防止了猪瘟、高致病猪蓝耳病、口蹄疫等重大动物疫病的发生和流行。

经流行病学调查和血清学检测，富源县以猪瘟、猪繁殖和呼吸综合征（蓝耳病）、口蹄疫为主的重大动物疫病虽得到了有效控制，但一些普通病和常见病始终没有得到有效控制和净化消灭。主要原因有：①一些养殖场（户）引种来源复杂、综合防治措施不到位、防疫条件差、饲养管理不规范等，导致猪伪狂犬病、猪细小病毒病、圆环病毒病等母猪繁殖障碍性疾病的发病率、病原阳性率较高。②由大肠杆菌导致的仔猪黄痢、仔猪白痢、仔猪水肿病污染面广，发病率高。③富源县是猪支原体肺炎（猪气喘病）的老疫区，该病多呈慢性经

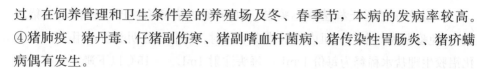
过，在饲养管理和卫生条件差的养殖场及冬、春季节，本病的发病率较高。④猪肺疫、猪丹毒、仔猪副伤寒、猪副嗜血杆菌病、猪传染性胃肠炎、猪疥螨病偶有发生。

二、疫病综合防控措施

大河猪疫病的发生和流行，与养殖场的饲养管理水平、防疫措施、引种情况等有十分密切的关系。应建立完善的管理制度，制定科学的免疫程序，严格引种管理，建立良好的疫病防控体系，减少各种疫病发生，提高养殖效益。具体做法有：①坚持"预防为主，防重于治"的原则，防止疫病的发生和流行。②加强饲养管理，实施严格的生物安全措施，及时清理粪污，消灭蚊蝇，并定期进行彻底消毒，减少疫病传入的机会；同时，要科学供给全价饲料及充足饮水，提高猪只的抗病能力。③养殖场要加强引种管理。坚持自繁自养，必须引进时要做好检疫监测和隔离观察工作，确定为无疫情隐患后方可混群，降低因引种引进疫病的风险。同时做好种公猪的疫病监测，坚决淘汰阳性种猪，防止通过精液、母体垂直传播。④科学做好免疫预防和药物预防工作。要根据本地区传染病流行情况和本场实际情况，科学制订免疫程序和使用药物预防疾病，禁止滥用抗生素和生长刺激剂，提倡使用生态制剂。⑤建立完善的疫病监测制度，定期做好各种疫病的免疫效果监测和疫情监测，掌握疫情流行情况，适时调整免疫程序，及时淘汰疫病监测的阳性猪只，逐步净化猪场疫病。

三、免疫程序

1. 生长育肥猪免疫程序

（1）1日龄　用猪瘟弱毒苗超前免疫，即仔猪出生后在未吃初乳前，先肌内注射1头份猪瘟弱毒苗，1～2h后再让仔猪吃初乳。

（2）3日龄　用伪狂犬病弱毒疫苗滴鼻。

（3）7日龄　用高致病性猪蓝耳病灭活疫苗肌内注射。

（4）15日龄　用猪气喘病灭活疫苗肌内注射。

（5）20日龄　用猪瘟、猪丹毒、猪肺疫三联苗肌内注射。

（6）25日龄　用伪狂犬病弱毒疫苗肌内注射。

（7）35日龄　用仔猪副伤寒菌苗口服或肌内注射。

（8）60日龄　猪O型口蹄疫灭活苗肌内注射，28d后再加强免疫1次，效果较好。

2. 后备猪免疫程序

（1）配种前 30d　用细小病毒弱毒疫苗肌内注射。

（2）配种前 25d　用伪狂犬病弱毒疫苗肌内注射。

（3）配种前 20d　肌内注射猪瘟、猪 O 型口蹄疫灭活苗、高致病性猪蓝耳病灭活疫苗。

3. 经产母猪免疫程序

（1）空怀期　用猪瘟、猪丹毒、猪肺疫三联苗肌内注射。

（3）产前 45d 和 15d　分别肌内注射 K88 - K99 - 987P 大肠杆菌工程苗。

（4）产前 30d　肌内注射传染性胃肠炎、流行性腹泻、轮状病毒三联苗。

4. 公猪免疫程序

（1）每年春、秋两季分别注射 1 次猪瘟、猪丹毒、猪肺疫、猪 O 型口蹄疫疫苗。

（2）每年 3—4 月肌内注射 1 次乙脑疫苗。

（3）每年 1 月和 7 月，肌内注射猪气喘病灭活疫苗。

第三节　大河猪主要传染病的防控

一、病毒性传染病

（一）猪瘟

猪瘟是由黄病毒科瘟病毒属的猪瘟病毒引起猪的高度致死性烈性传染病。其特征是病猪高热稽留、全身广泛性出血、呈现败血症状或者母猪发生繁殖障碍，严重危害全球养猪业。世界动物卫生组织将其列为必须报告的动物传染病，我国将其列为一类动物疫病。

1. 流行特点　猪是本病唯一的自然宿主，发病猪和带毒猪是本病的传染源，不同年龄、性别的猪均易感。一年四季均可发生。感染猪在发病前即能通过分泌物和排泄物排毒，并持续整个病程。与感染猪直接接触是本病传播的主要方式，病毒也可通过精液、胚胎、猪肉和泔水等传播。感染和带毒母猪在妊娠期可通过胎盘将病毒传播给胎儿，导致新生仔猪发病或产生免疫耐受。

2. 临床症状　自然感染的猪潜伏期常为 3～6d，也有长达 24d 的。典型病例表现为最急性、急性、亚急性或慢性病程，死亡率高。

（1）最急性型　本型较少见，猪只突然发病，主要表现高热、食欲废绝，常无其他症状，病程 1～2d，多突然死亡。病程稍长的，可见有急性型症状。

（2）急性型　本型最常见，体温可上升到 41℃ 以上，稽留不退。食欲减退或消失，可发生眼结膜炎并有脓性分泌物，鼻腔也常流出脓性黏液。间有呕吐，有时排泄物中带血液，甚至便血。公猪包皮发炎、阴鞘积液，用手挤压时有恶臭混浊液体射出。腹部皮下、鼻镜、耳尖、四肢内侧均可出现紫色出血斑点，指压不褪色；眼结膜和口腔黏膜可见出血点。病猪精神委顿、寒战怕冷、爱钻草窝、喜卧。病程一般为 1～2 周，最后绝大多数死亡。

（3）亚急性型　本型常见于本病流行地区，症状与急性型相似。病程可延至 2～3 周，皮肤常有明显的出血点，耳、颈、四肢、会阴等常见陈旧性出血斑。病猪日益消瘦，尚有食欲、可食几口，逐渐后肢无力，行走摇摆，站立困难，转归死亡。

（4）慢性型　由急性转归而来，常拖延 1～2 个月。主要表现黏膜苍白，眼睑有出血点，皮肤出现紫斑。体温时高时低，病猪极度消瘦、贫血、全身衰弱。常伏卧，步态不稳，后肢呈交叉行走。可少食几口，便秘与腹泻交替发生。耳尖、尾尖及四肢皮肤有紫斑或坏死痂。死亡以仔猪为多，成年猪有的可以耐过。非典型病猪临床症状不明显，呈慢性，常见于"架子猪"。

3. 病理变化　剖检肾脏呈土黄色，表面可见针尖状出血点；全身浆膜、黏膜和心脏、膀胱、胆囊、扁桃体均可见出血点和出血斑，脾脏边缘出现梗死灶；淋巴结水肿、出血，呈现大理石样变；脾不肿大，边缘有暗紫色突出于表面的出血性梗死。慢性猪瘟在回肠末端、盲肠和结肠常见"纽扣状"溃疡。

4. 诊断　根据流行病学、临床症状和病理变化可作出初诊。实验室诊断手段多采用免疫荧光技术、酶联免疫吸附试验、血清中和试验、琼脂凝胶沉淀试验等，比较灵敏迅速，且特异性高。我国现推广应用免疫荧光技术和酶联免疫吸附试验。

5. 防控措施　本病尚无特效药物。应采取免疫预防和淘汰感染猪相结合的综合防控措施。

（1）加强饲养管理与环境消毒　饲养、生产、经营等场所必须符合《动物防疫条件审核管理办法》规定的动物防疫条件，并加强种猪调运检疫管理。提倡自繁自养，尽可能不从外地引进猪只，防止带入传染源。确需引进的，应从无病区购入，并做好检疫和就地预防接种，15d 后进入。到场后，按规定隔离检疫，确认健康后方可混群饲养。各饲养场、屠宰厂（场）、动物防疫监督检查站等要建立严格的卫生（消毒）管理制度，做好杀虫、灭鼠工作。

（2）免疫和净化

①免疫　广泛持久地开展猪瘟疫苗预防注射，是预防本病发生的重要手段。我国自 2007 年起将猪瘟纳入国家强制免疫范畴。我国使用的猪瘟疫苗有单苗和联苗两类。猪瘟单苗有组织苗（脾淋苗/乳兔苗）和细胞苗（犊牛睾丸细胞苗），联苗为猪瘟-猪丹毒-猪肺疫三联活疫苗。我国的猪瘟兔化弱毒疫苗免疫期可达 1 年以上，已被公认为一种安全性良好、免疫原性优越、遗传性稳定的弱毒疫苗。

中国兽医药品监察所推荐的免疫程序是：乳猪 20～25 日龄首免，50～60 日龄二免；也可实施乳猪超前免疫，即出生吃初乳前，接种疫苗。对选留的后备母猪，在配种前可进行三免。对母猪临发情前或发情开始，均按 4 倍量免疫接种。按说明书推荐使用，细胞苗和脾淋苗的免疫效果都很好。

猪瘟兔化弱毒疫苗可对威胁区的假定健康猪群进行紧急注射，也可对猪瘟早发病者进行治疗性注射。通过 4～8 倍剂量的免疫接种，可迅速激发体内的免疫应答，产生强大的抗毒力，以杀灭感染的病毒，达到早期防治目的。

②净化　对种猪场和规模养殖场的种猪定期采样进行病原学检测，对检测阳性猪及时进行扑杀和无害化处理，通过多次反复检测淘汰，猪瘟可以得到逐步净化。

（二）口蹄疫

口蹄疫是由口蹄疫病毒引起猪、牛、羊、骆驼等偶蹄动物的一种急性、热性、高度接触性传染病。该病的临床特征是传播速度快、流行范围广，成年动物的口腔黏膜、蹄部及乳房等处的皮肤发生水疱和溃烂，幼龄动物多因心肌炎使其死亡率升高。

本病虽死亡率不高，但发病率极高、传播迅速和涉及的牲畜种类多，因此当发生本病后，如防控不力，常引起大规模流行而造成巨大的经济损失。世界动物卫生组织将其列为必须报告的动物传染病，我国规定为一类动物疫病。

1. 病原　口蹄疫病毒属于微核糖核酸病毒科口蹄疫病毒属，共有 O、A、C 型，南非 1、2、3 型，亚洲 1 型 7 种血清型，每个血清型又有若干个亚型，已知有 80 个以上的亚型。各主型之间因抗原性不同，无交互免疫性，因而家畜耐过某一型病毒所致口蹄疫后，对其他型病毒仍有感受性。往往出现在一个地区对偶蹄动物进行某一型口蹄疫疫苗免疫注射后，不久又发生了口蹄疫重新流行，应怀疑是另一型或亚型所致。在我国猪口蹄疫主要以 O 型为主。

口蹄疫病毒主要存在于病猪水疱皮及水疱液中，其他如乳汁、尿液、口涎、眼泪、粪便中也都含有，发热期血液内的病毒含量最高。

口蹄疫病毒对外界环境的抵抗力较强，低温能较长期保存病毒，在—20℃以下，组织块中的病毒能存活 3～4 年。但在 50～60℃仅存活 30～40min，煮沸立即死亡。酸和碱对该病毒有明显致死作用，所以消毒时常用 1％～2％氢氧化钠或 1％～2％甲醛溶液。

2. 流行特点　所有猪科动物及野生反刍动物均易感，猪以口腔黏膜、鼻镜、蹄部和乳房皮肤发生水疱和溃烂为特征。

传染源主要为潜伏期感染及临床发病动物。感染动物呼出物、唾液、粪便、尿液、乳汁、精液及肉和副产品均可带毒。康复期动物可带毒。

易感猪可通过呼吸道、消化道、生殖道和伤口感染病毒，通常以直接或间接接触（飞沫等）方式传播，或通过人或犬、蝇、蜱、鸟等动物媒介，或经车辆、器具等被污染物传播。如果环境气候适宜，病毒可随风远距离传播。

3. 临床症状　潜伏期为 2～7d，少数可达到 14d。开始时病猪发热，体温可达到 41℃，精神萎靡，打盹。蹄底部或蹄冠部皮肤潮红、肿胀，继而出现水疱，有明显的痛感，行走呈跛行、发出凄厉的尖叫声；很快蹄壳脱落，蹄部不敢着地，病猪跪行或卧地不起。鼻镜出现一个或数个大小不等的水疱，水疱很快破裂，露出鲜艳的溃疡面，如无细菌感染，伤口可在 1 周左右逐渐结痂愈合。哺乳母猪的乳头常出现水疱，引起疼痛而拒绝哺乳；哺乳仔猪出现急性胃肠炎、急性心肌炎或四肢麻痹，衰弱死亡仔猪常成窝死亡，死亡率可达 80％以上。成年动物死亡率低。

4. 病理变化　大猪解剖一般无特征性病变，少数可见胃肠出血性炎症。仔猪呈现典型的"虎斑心"，心肌外出现黄色条纹斑，心外膜有不同程度的出血点，个别肺有水肿或气肿现象。

5. 诊断　本病呈流行性发生，传播速度快，发病率高，仔猪出现急性胃肠炎和肌肉震颤，成年猪口腔黏膜、鼻部及蹄部皮肤发生水疱和形成溃烂，个别剖检可见心肌炎和胃肠炎病变。出现可疑病猪，可采取水疱皮和水疱液，迅速送上级检验机构进行确诊以便尽早做出确切判断。

6. 防控措施　猪群发病的处理要遵守"早、快、严、小"的原则，采取综合性防控措施。

我国生产的猪O型口蹄疫灭活疫苗免疫效果好。建议首免时间在仔猪出生后45日龄，首免后3~4d产生免疫抗体，14~28d达峰值，在首免后1个月进行二免，一般可维持免疫力3~4个月。

当有本病发生时，除及时诊断外，应于当日向当地政府及上级主管部门报告，确定疫情，划定疫点、疫区和受威胁区，并进行封锁和监督，禁止人、动物和物品的流动。在严格要求封锁的基础上，患病猪及其同群猪不准治疗，一律扑杀并做无害化处理。对剩余的饲料、饮水、场地、患病猪污染的道路、运输工具、猪舍、用具、物品等进行严格彻底的消毒。同时组织对疫区与受威胁区的猪群进行紧急疫苗接种。

疫点内最后1头病猪死亡或扑杀后连续观察至少14d，没有新发病例，疫区、受威胁区紧急免疫接种完成，疫点经终末消毒，疫情监测为阴性，经有关主管部门批准后方可解除封锁，恢复生产。

（三）猪繁殖与呼吸综合征

猪繁殖与呼吸综合征是由猪繁殖与呼吸综合征病毒引起猪的一种急性、高度传染的病毒性传染病。不同年龄、性别的猪均可发生，但以妊娠母猪和仔猪最为常见。该病以母猪生殖障碍、早产、流产和产出死胎、弱仔、木乃伊胎以及仔猪呼吸困难、高死亡率等为特征，严重危害全球养猪业生产。2006年夏季，由猪繁殖与呼吸综合征病毒变异毒株引起的"高热综合征"在我国暴发，呈现高发病率和高死亡率的特点，成为危害我国养猪业的重要传染病之一，我国将其称为"高致病性猪蓝耳病"，列入一类动物疫病。

1. 病原　本病病原为动脉炎病毒属的成员，有两个血清型，即美洲型和欧洲型，我国分离到的毒株为美洲型。该病毒对酸、碱都较敏感，尤其很不耐碱，一般消毒剂对其都有作用。对温热和外界环境理化因素的抵抗力不强，56℃加热45min即可灭活。

2. 流行特点　本病主要是种猪、繁殖母猪及仔猪发病，育肥猪发病较温和。接触性传染，传染性极强，传播迅速，危害性甚大；经空气通过呼吸道感染，有专家认为也可通过胎盘感染。猪只买卖运输、饲养密度过大、饲养管理及卫生条件不良、气候变化都可促进发病和流行，无明显的季节性。

患病猪和带毒猪是本病的主要传染源，病猪鼻腔、粪便及尿中均含有病毒，耐过猪可长期带毒并不断向体外排毒。病毒可通过直接接触、空气、精液以及粪便等多种途径传播，还可通过胎盘感染妊娠中期的胎儿，使胎儿致病。

3. 临床症状　初生仔猪可以在窝内感染，表现为呼吸加快、厌食，有的仔猪表现肌肉震颤、后肢麻痹、共济失调、打喷嚏、嗜睡，有的仔猪耳和躯体末端皮肤发绀。

妊娠母猪主要表现为突然出现厌食，一部分母猪可能出现呼吸道症状，如打喷嚏、咳嗽等；一部分母猪可能体温稍高，但通常不出现高热稽留。严重病例可出现精神沉郁、呼吸困难，耳尖、耳边呈现蓝紫色。有的四肢末端、腹侧有水肿；有的皮肤有红斑、大面积梗死和大的疹块，阴部肿胀。母猪出现大批流产或早产，产出死胎、弱胎或木乃伊胎。

空怀母猪和种公猪感染后也出现厌食、呼吸困难、咳嗽、发热等症状。配种率、受胎率下降，种公猪还可出现暂时性精液减少和精液质量下降。

育肥猪体温突然升高至41℃左右，厌食，多数全身皮肤发红，呼吸加快，咳嗽。有的病猪流黏性鼻液，极少数病猪双耳发蓝或发紫。无并发症的病猪很少死亡，个别发热1周左右康复。若出现继发感染，可使症状加剧，生长不良或死亡。

4. 诊断　根据病原、传播特点、临床症状及剖检特点可做出初步诊断，但要注意与症状相似的一些病毒性传染病相鉴别，如流感、细小病毒病、流行性腹泻等。猪繁殖与呼吸综合征是病毒性传染病，确诊必须进行血清学鉴定或病毒分离鉴定。

5. 防控措施　本病发生时往往继发猪瘟、猪肺疫、副伤寒等多种疾病，无特效治疗药物。现在国家采取强制免疫的办法，一旦一个地方发生本病，确认疫情后必须果断对疫区实施封锁，扑杀疫点所有病猪和同群猪；对病死猪、排泄物、被污染饲料、垫料、污水等进行无害化处理；对被污染的物品、交通工具、用具、猪舍、场地等进行彻底消毒。对受威胁区所有猪用高致病性猪蓝耳病灭活疫苗进行紧急强化免疫，并加强疫情监测。

（1）预防接种　我国生产有弱毒苗和灭活苗。一般认为弱毒苗效果较佳，多在受污染猪场使用。弱毒疫苗用于3～18周龄和空怀母猪。小猪在母源抗体消失前首免，母源抗体消失后进行二免。后备母猪在配种前进行二免，首免在配种前 2 个月，间隔 1 个月进行二免。慎用活疫苗，因为接种疫苗后疫苗毒可在体内增殖，并可能排毒，疫苗毒能跨越胎盘导致先天感染。灭活疫苗后备猪和育成猪在配种前 1 个月免疫注射，经产母猪在空怀期接种 1 次，3 周后加强 1 次。灭活疫苗副作用小、较安全，但免疫效果较差。

（2）坚持"自繁自养"的原则　必须引进种猪时，新引进的种猪应隔离饲养 30d 以上，经检疫观察确认健康者方可混群饲养。要尽可能让同一圈猪的年龄相差不超过两周。

（3）严格坚持兽医卫生防疫制度，保持场内环境卫生　种猪场各消毒池要经常更换消毒药液，并保持其有效浓度；产房要隔离，并远离育肥猪栏舍，同时防止病毒由母猪传给哺乳仔猪；采取全进全出的管理方法，每批种猪调出后，猪舍要严格清洗消毒并空舍数天。

（四）猪传染性胃肠炎

猪传染性胃肠炎是由猪传染性胃肠炎病毒引起的急性、高度接触性传染病。其特征为腹泻、呕吐及脱水。10 日龄以下仔猪死亡率高；5 周龄以上猪死亡率低，但生产性能下降，饲料报酬率低。

1. 病原　猪传染性胃肠炎病毒属冠状病毒科冠状病毒属，为单股 RNA 病毒。病毒在空肠、十二指肠、肠系膜淋巴结含量最高。该病毒不耐热，65℃加热 10min 死亡，相反 4℃以下病毒可以长时间保持感染性；在阳光下暴晒 6h 即被灭活；紫外线能使病毒迅速灭活；对乙醚、氯仿敏感；用 0.5％石炭酸在 37℃处理 30min 可将其杀死。

2. 流行特点　本病只引起猪发病，各种年龄的猪均可感染。病猪和带毒猪是本病的主要传染源，通过粪便、呕吐物、乳汁、鼻分泌物以及呼出气体排泄病毒，污染饲料、饮水、空气等，通过消化道和呼吸道传染，传播速度很快。50％左右康复猪带毒排毒达 2～8 周。10 日龄以内的仔猪死亡率较高，断奶、育肥猪和成年猪发病后都为良性经过。呈散发性或流行性，全年都可发生，但以寒冷季节（冬季、早春）发病多。

3. 临床症状　仔猪突然发病，首先呕吐，接着水样腹泻，粪便为黄绿色或白色，里面含有未消化的凝乳块和泡沫，恶臭。由于剧烈水泻，病猪消瘦、脱水及口渴。体重迅速下降，日龄越小，病程越短，传播越迅速，发病越严重，死亡也越快。以 7～14 日龄仔猪死亡率较高。病愈仔猪发育不良。中猪及

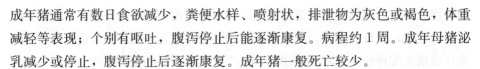

成年猪通常有数日食欲减少、粪便水样、喷射状，排泄物为灰色或褐色、体重减轻等表现；个别有呕吐，腹泻停止后能逐渐康复。病程约1周。成年母猪泌乳减少或停止，腹泻停止后逐渐康复。成年猪一般死亡较少。

4. 诊断　根据发病的季节、年龄及临床特点可做出初步诊断，确诊要进行实验室检查。本病应与猪的流行性腹泻、轮状病毒感染、大肠杆菌病和猪痢疾、仔猪副伤寒、仔猪低糖血症等相区别。

5. 防控措施　本病目前尚无特效治疗药物。预防在于疫苗免疫接种，加强饲养管理，搞好环境卫生和定期消毒等。由于此病发病急、病程短，要早发现、早治疗，治疗越早、疗效越好，可减少死亡。

（1）疫苗预防接种。妊娠母猪产前45d和15d左右，用弱毒疫苗经后海穴接种，使母猪产生一定的免疫力，从而使出生后的哺乳仔猪能获得母源抗体的被动免疫保护。

（2）加强饲养管理，创造良好的环境条件，尤其是在晚秋至早春的寒冷季节，圈舍要保持一定的温度、合理的光照和适宜的密度，喂以全价饲料，提高机体抵抗力。

（3）坚持定期消毒，彻底清除粪尿、垫草，用2％～3％氢氧化钠对猪舍、活动场地进行全面消毒。

（4）加强护理工作，隔离病猪，暂停喂乳、喂料，并采取对症治疗。补水和补盐以防止脱水，给予大量的口服补液盐或自配含药饮水。防止继发感染，口服或注射抗生素。

（五）猪流行性腹泻

本病只发生于猪，是由猪流行性腹泻病毒引起仔猪和育肥猪的急性、接触性肠道传染病。其特征为呕吐、腹泻、脱水。临床变化和症状与猪传染性胃肠炎极为相似。

1. 流行病学　各种年龄的猪都能感染发病。哺乳猪、架子猪或育肥猪的发病率很高，尤以哺乳猪受害最为严重。病猪是主要传染源。病毒随粪便排出后，污染环境、饲料、饮水、交通工具及用具等而传染。主要感染途径是消化道。如果一个猪场陆续有不少窝仔猪出生或断奶，病毒会不断感染失去母源抗体保护的断奶仔猪，使本病呈地方流行性。在这种繁殖场内，猪流行性腹泻可造成5～8周龄仔猪断奶期顽固性腹泻。本病多发生于寒冷季节。

2. 临床症状　潜伏期一般为5～8d。主要临床症状为水样腹泻，或者在腹泻之间有呕吐。呕吐多发生于采食或吃奶后。症状轻重随年龄的大小不同有差异，年龄越小，症状越重。1周龄内新生仔猪发生腹泻后3～4d，呈现严重脱水而死亡，死亡率可达50%，最高死亡率达100%。病猪体温正常或稍高，精神沉郁，食欲减退或废绝。断奶猪、母猪常精神委顿、厌食和持续性腹泻大约1周，并逐渐恢复正常。少数猪恢复后生长发育不良。育肥猪在同圈饲养感染后都发生腹泻，1周后康复，死亡率1%～3%。成年猪症状较轻，有的仅表现呕吐，重者水样腹泻3～4d可自愈。

3. 诊断　本病在流行病学和临床症状方面与猪传染性胃肠炎无显著差别，只是病死率比猪传染性胃肠炎稍低，在猪群中传播的速度也较缓慢些。猪流行性腹泻发生于寒冷季节，各种年龄的猪都可感染，年龄越小发病率和病死率越高，伴有呕吐、水样腹泻和严重脱水等症状，进一步确诊需依靠实验室诊断。

4. 防控措施　本病无特效治疗药物。预防在于疫苗免疫接种，加强饲养管理，搞好环境卫生和定期消毒等。

（1）疫苗预防接种　可接种猪传染性胃肠炎、猪流行性腹泻二价苗。妊娠母猪产前1个月接种疫苗，可通过母乳使仔猪获得被动免疫。也可用猪流行性腹泻病毒甲醛氢氧化铝灭活疫苗进行免疫。

（2）加强兽医卫生防疫管理，严禁从疫区购入仔猪，以防本病的传染。

（3）一旦发生本病，应立即采取封锁、限制人员往来、严格消毒、紧急接种等措施。

（4）对症治疗，降低仔猪死亡率，促进康复。加强护理，病猪群口服补盐溶液。同时使用抗生素或磺胺类药物防止继发感染。静脉注射5%葡萄糖盐水和5%碳酸氢钠溶液、维生素C等以防脱水和酸中毒。按每头份肌内注射盐酸山莨菪碱注射液。

（六）猪轮状病毒病

猪轮状病毒病是由猪轮状病毒引起猪的一种急性肠道传染病，主要发生于仔猪，临床上表现厌食、呕吐、腹泻。种猪和大猪以隐形感染为特点。病原体除猪轮状病毒外，从小孩、犊牛、羔羊、马驹分离的轮状病毒也可感染仔猪，引起不同程度的症状。

1. 病原　本病的病原体为呼肠孤病毒科轮状病毒属的猪轮状病毒。人和各种动物的轮状病毒在形态上无法区别。可分为 A、B、C、D、E、F 6 个群，其中 C 群和 E 群主要感染猪，而 A 群和 B 群也可感染猪。轮状病毒对外界环境和理化因素的抵抗力较强，在 $18\sim20℃$ 的粪便和乳汁中，能存活 $7\sim9$ 个月；在室温中能保存 7 个月；加热到 63℃ 条件下 30min 即可失活；0.01% 碘、1% 次氯酸钠和 70% 酒精可使之丧失感染力。

2. 流行特点　本病可感染各种年龄的猪，感染率最高达 90%~100%，但在流行地区由于大多数成年猪都已感染过而获得免疫，因此，发病猪多为 2~8 周龄的仔猪，严重程度与猪的发病年龄有关。日龄越小的仔猪，发病率越高，发病率一般为 50%~80%，病死率一般为 1%~10%。病猪和带毒猪是本病的主要传染源，但人和其他动物也可散播本病。轮状病毒主要存在于病猪及带毒猪的消化道，随粪便排到外界环境后，污染饲料、饮水、垫草及土壤等，经消化道途径使易感猪感染。

本病多发生于晚秋、冬季和早春，呈地方性流行。据报道，轮状病毒感染是断奶前后仔猪腹泻的重要原因。如与其他病原如致病性大肠杆菌及冠状病毒混合感染时，病的严重性明显增加。

3. 临床症状　本病的潜伏期一般为 12~24h。病初，病猪精神沉郁、食欲不振、不愿走动，有些乳猪吃奶后发生呕吐；继而腹泻，粪便呈黄色、灰色或黑色，为水样或糊状。症状轻重取决于发病猪的日龄、免疫状态和环境条件，缺乏母源抗体保护的生后几天的乳猪症状最重；环境温度下降或继发大肠杆菌病时，常使症状加重，病死率增高。一般常规饲养的乳猪出生头几天，由于缺乏母源抗体的保护，感染发病后死亡率可高达 100%；如果有母源抗体保护，则 1 周龄内的乳猪一般不易感染发病；1~21 日龄乳猪感染后的症状较轻，腹泻数日即可康复，病死率很低；3~8 周龄或断奶 2d 的仔猪，病死率一般为 10%~20%，严重时可达 50%。

4. 防控措施

（1）预防　目前尚无有效的疫苗用于预防本病，主要依靠加强饲养管理，提高母猪和乳猪的抵抗力；在本病流行的地区，母猪多曾被感染而获得了一定的免疫力，因此，要尽快给初生仔猪早吃初乳，接受母源抗体的保护，以减少发病和减轻病症。据报道，一定量的母源抗体只能防止乳猪腹泻的发生，不能消除感染及其以后排毒。因此，保持环境清洁、定期消毒、通风保暖是预防本病的重要措施。

（2）治疗　目前无特效的治疗药物，只能辅以对症治疗。发现病猪应立即隔离到清洁、干燥和温暖的猪舍，避免养殖密度过大，加强护理，减少应激。彻底清除粪尿、垫草，用 2%～3% 氢氧化钠对猪舍、活动场地、用具、车辆等进行全面消毒。暂停喂乳、喂料，用葡萄糖盐水（葡萄糖 43.2g、氯化钠 9.2g、甘氨酸 6.6g、柠檬酸 0.52g、枸橼酸钾 0.13g、无水磷酸钾 4.35g，溶于 2L 水中即成）给病猪自由饮用，以补充电解质，维持体内的酸碱平衡。同时内服收敛剂，使用抗生素或磺胺类药物防止继发感染。静脉注射 5% 葡萄糖盐水和 5% 碳酸氢钠溶液防止脱水和酸中毒。尽早、尽快使用此法，一般都可获得良好效果。

（七）猪圆环病毒病

猪圆环病毒病是由猪圆环病毒（PVC）2 型引起猪的一种新的疾病，引起仔猪断奶衰竭综合征、皮炎和肾病综合征和母猪繁殖障碍，其临床表现多种多样。本病可导致猪群产生严重的免疫抑制，从而容易继发或并发其他传染病，已成为严重危害世界养猪业的一种新的传染病。目前，该病在我国猪群中已广泛流行，给养猪业造成了巨大损失。

1. 病原　猪圆环病毒隶属于圆环病毒科圆环病毒属，为单股负链环状 DNA 病毒，是兽医学上已知动物病毒中最小的病毒之一。根据 PCV 的致病性、抗原性及核苷酸序列，将其分为 PCV1 型和 PCV2 型。PCV2 型与猪群中发生的多种疾病相关，有其相应的临床症状和病理表现，在临床上主要引起猪断奶后多系统衰竭综合征、猪皮炎肾病综合征、猪呼吸道疾病综合征及 A2 型先天性震颤。PCV2 型与猪细小病毒、猪流感病毒、猪繁殖与呼吸综合征病毒等病原可以混合感染，致病性增强。

2. 流行特点　猪是猪圆环病毒的主要宿主。猪对 PVC 有较强的易感性，各种年龄的猪均可感染，但仔猪感染后发病严重。胚胎期或生后早期感染的猪，往往在断奶后才发病，发病集中在 5～18 周龄，6～12 周龄最为多见。妊娠母猪感染 PVC 后，可经胎盘垂直传染给仔猪，并导致繁殖障碍。感染猪可自鼻液、粪便等废物中排出病毒，经消化道、呼吸道引起感染。

3. 临床症状　猪圆环病毒感染后潜伏期均较长，即使胚胎期或出生后早期感染，也多在断奶以后才陆续出现症状。PVC2 型感染可以引起以下多种病症。

（1）多系统衰竭综合征　通常发生于断奶仔猪。现已证实 PVC2 是猪断奶后多系统衰竭综合征的重要病原，与繁殖与呼吸综合征病毒、细小病毒、伪狂犬病病毒等病原混合感染和免疫刺激可以加重该病的危害程度。

患猪表现精神欠佳、食欲不振、体温略偏高、肌肉衰弱无力、腹泻、呼吸困难、眼睑水肿、黄疸、贫血、消瘦、生长发育不良，与同龄猪体重相差甚大，皮肤湿疹，全身性的淋巴结病变，尤其以腹股沟、肠系膜、支气管以及纵隔淋巴结肿胀明显，发病率为 $5\% \sim 30\%$，死亡率为 $5\% \sim 40\%$，康复猪变成僵猪。

（2）皮炎和肾病综合征　通常发生于 $8 \sim 18$ 周龄的猪。发病率为 $1\% \sim 2\%$，有的时候可高达 7%。以会阴部和四肢皮肤出现红紫色隆起的不规则斑块为主要症状。患猪表现为皮下水肿、食欲丧失，有时体温上升。通常在 3d 内死亡，有时可以维持 $2 \sim 3$ 周。

（3）增生性坏死性间质性肺炎　此病主要危害 $6 \sim 14$ 周龄的猪。发病率为 $2\% \sim 30\%$，死亡率为 $4\% \sim 10\%$。

（4）繁殖障碍　导致母猪返情率增加，产木乃伊胎、流产以及死胎和产弱仔等。

4. 防控措施　因为目前国际上还没有效疫苗用于 PVC2 型感染的免疫预防，因此控制 PVC2 型感染应采取综合防控措施。

（1）加强饲养管理　主要是定期消毒，减少仔猪应激，严格实施生物安全措施等。饲料营养要全面，可添加能增强机体免疫力的一些中草药。同时，加强对种公猪精液的检测，直至淘汰排毒公猪。

（2）免疫预防　国内外的疫苗分别有以杆状病毒表达 PCV2 型的衣壳蛋白、表达 PCV2 型衣壳蛋白的 PCV1 型嵌合病毒和灭活的 PCV2 型等为免疫原的 3 种疫苗，可以试用。

（3）控制继发感染　PCV2 型常与伪狂犬病、猪繁殖与呼吸系统综合征、细小病毒病、气喘病、传染性胸膜肺炎等其他疫病混合感染，加重疾病严重程度。因此，要重视这些疫病的免疫预防或药物预防。

（八）猪流行性感冒

猪流行性感冒是猪的一种急性、传染性呼吸系统疾病，其特征为突发咳嗽、呼吸困难、发热及迅速转归。

1. 病原　猪流感病毒是猪群中一种可引起地方性流行性感冒的正黏病毒，世界卫生组织 2009 年 4 月 30 日将此前被称为猪流感的新型致命病毒更名为 H1N1 甲型流感，与感染人的流感病毒同属，此病毒具人畜共同感染的特性。

该病毒存在于病猪或带毒猪鼻分泌物、气管、支气管渗出物及肺和肺淋巴结内。对干燥和冻干有较强抵抗力，60℃经 30min 可灭活。一般消毒剂对猪流感病毒都有灭活作用。

2. 流行特点　各个年龄、性别的猪对本病毒都有易感性。本病的流行有明显的季节性，天气多变的秋末、早春和寒冷的冬季易发生。本病传播迅速，常呈地方性流行或大流行。病猪和带毒猪是猪流感的传染源，患病痊愈后猪带毒 6～8 周。病猪咳嗽时，随鼻液可排出大量病原体。健康猪主要经呼吸道感染。

3. 临床症状　本病潜伏期很短，几小时到数天，自然发病时平均为 4d。发病初期病猪体温突然升高至 40.3～41.5℃，厌食或食欲废绝，极度虚弱乃至虚脱，常卧地。呼吸急促、腹式呼吸、阵发性咳嗽。从眼和鼻流出黏液，鼻分泌物有时带血。病猪挤卧在一起，难以移动，触摸肌肉僵硬、疼痛，出现膈肌痉挛，呼吸顿挫。如有继发感染，则病势加重，发生纤维素性出血性肺炎或肠炎。母猪在妊娠期感染，所产仔猪在产后 2～5d 发病很重，有些在哺乳期及断奶前后死亡。

4. 防控措施　本病是由甲型流感病毒引起的，且该病毒亚型多、常发生变异，各类型之间无交叉免疫或交叉感染免疫力很小，因此疫苗效果不理想。主要做好以下预防工作：保持猪舍干燥、清洁；夏季注意通风，冬季注意防寒保暖；保持栏舍、垫草干燥；隔离病猪，对猪舍、食槽、饮水等用高效消毒剂严格消毒，以防该病的进一步扩散。在天气多变的季节，疫病流行地区，饲料或饮水中加入中药制剂，以防猪流感的发生。对本病无特效治疗药物，只有采用对症治疗来减轻病情，避免继发感染的发生。

（九）猪流行性乙型脑炎

猪流行性乙型脑炎是由流行性乙型脑炎病毒引起的一种人畜共患传染病。猪感染后表现为高热、流产、产出死胎及公猪睾丸炎。本病由蚊虫传播，常于夏末初秋流行，有明显的季节性。本病分布很广，人畜共患，危害甚大，该病被世界卫生组织列为需要重点控制的传染病。

1. 病原　该病毒属黄病毒科黄病毒属，在感染动物血液内存留的时间很短，主要存在于脑、脑脊髓液和死产胎儿的脑组织。流行地区的吸血昆虫，特别是伊蚊属和库蚊属昆虫体内常能分离到病毒。病毒对外界环境抵抗力不强，56℃经30min、70℃经10min、100℃经2min可被杀死，常用消毒药对其有良好的消毒作用，如3%来苏儿、石炭酸可于数分钟内杀死病毒，高锰酸钾、福尔马林、酒精等亦有良好的杀灭作用。

2. 流行病学　在自然情况下，所有家畜都能感染本病。马最易发病，猪、人次之。本病主要由带毒媒介昆虫的叮咬传播，当蚊虫叮咬病人及隐性感染和病毒血症期（血液中可带毒3~7d）的动物时，病毒即随血液进入蚊体，此蚊再叮咬健康动物和人时则引起病毒的传播。蚊虫不仅是本病的传播媒介，也是乙脑病毒的长期储存宿主。猪不分性别均易感。猪的发病年龄多与性成熟有关，大多在6月龄左右发病。其特点是感染率高、发病率低（20%~30%）、死亡率低，常因并发症死亡。绝大多数在病愈后不再复发，成为带毒猪。新疫区发病率高、病情严重，以后逐年减轻，最后多呈无症状的带毒猪。

3. 临床症状　妊娠母猪常突然发生流产。流产前除有轻度减食或发热外，常不被人们所注意。流产多在妊娠后期发生，流产后临床症状减轻，体温、食欲恢复正常。少数母猪流产后从阴道流出红褐色乃至灰褐色黏液，胎衣不下。母猪流产后对继续繁殖无影响。流产胎儿多为死胎或木乃伊胎，或濒于死亡。部分存活仔猪虽然外表正常，但衰弱不能站立，不会吮乳；有的生后出现神经症状，全身痉挛，倒地不起，1~3d死亡。

公猪表现为发热后发生睾丸炎，多为单侧性，少为双侧性。初期睾丸肿胀，阴囊皮肤发红（白色皮肤的猪），2~3d肿胀消退，睾丸逐渐萎缩变硬、变小，丧失功能。

4. 防控措施

（1）免疫接种　我国已研制成功动物用乙型脑炎疫苗。在本病流行地区，应在蚊虫开始活动前1个月对4月龄以上种猪进行免疫接种，或在配种前1个月注射疫苗。以后每年免疫2次。

（2）做好死胎、胎盘及分泌物等的处理，猪舍、用具等彻底消毒。

（3）杜绝传播媒介　以灭蚊防蚊为主，尤其是三带喙库蚊。应根据其生活规律和自然条件，采取有效措施，对猪舍定期灭蚊。

（4）加强宿主动物的管理　应重点管理好没有经过夏秋季节的幼龄猪和从

非疫区引进的猪。这些猪大多没有感染过乙型脑炎，一旦感染容易产生病毒血症，成为传染源。应在该病流行前完成疫苗接种。保持圈舍干净，粪便堆积发酵。对圈舍定期消毒，猪定期驱虫，每年春、秋两季各驱虫一次。

（5）本病无特效药物，应积极采取对症疗法和支持疗法。早期采取降低颅内压、调整大脑机能、解毒为主的综合性治疗措施，同时加强护理，可收到一定的疗效。为防止继发感染，中药可用板蓝根、金银花、连翘、大青叶、甘草各 30～50g 煎水，每天 1 剂连喂 5d。

（十）猪细小病毒病

猪细小病毒病是由猪细小病毒引起母猪的繁殖障碍性疾病，主要发生于初产母猪，其特征为流产，产出死胎、木乃伊胎及病弱仔猪，但母猪通常不表现其他临床症状。近年来发现，猪细小病毒与猪圆环病毒 2 型混合感染后，可促进圆环病毒病症状的出现。

1. 病原　本病毒为细小病毒科细小病毒属成员。对热具有较强抵抗力，56℃经 48h 或 70℃经 2h 病毒的感染性和血凝性均无明显改变，但 80℃经 5min 可使感染性和血凝活性均丧失。病毒在 40℃极为稳定，对酸碱有较强的抵抗力，但 0.5% 漂白粉、1%～1.5% 氢氧化钠经 5min 能杀灭病毒，2% 戊二醛需 20min，甲醛蒸汽和紫外线需要相当长的时间才能杀死该病毒。

2. 流行特点　各种不同年龄、性别的家猪和野猪均易感。传染源主要来自感染细小病毒的母猪和公猪，后备母猪比经产母猪易感染，病毒能通过胎盘垂直传播，而带毒猪所产的活猪可能带毒排毒时间很长甚至终生。感染种公猪也是该病最危险的传染源，可在公猪的精液、精索、睾丸、性腺中分离到病毒，种公猪通过配种传染给易感母猪，并使该病传播扩散。

3. 临床症状　猪群暴发此病时，受感染母猪常有产木乃伊胎、窝产仔数减少、难产、产弱仔、久配不孕等临床表现和新生仔猪死亡，其他猪感染后不表现明显的临床症状。在妊娠早期 30～50d 感染，胚胎死亡或被吸收，使母猪不孕和不规则地反复发情；妊娠中期 50～60d 感染，胎儿死亡后，形成木乃伊胎；妊娠后期 60～70d 以上的胎儿有免疫能力，能够抵抗病毒感染，大多数胎儿能存活下来，但可长期带毒。

4. 防控措施　本病尚无特效治疗药物。防控原则是不引进带毒猪，以预防为主，初产母猪配种前获得免疫力。

（1）坚持自繁自养 如需要引进种猪，必须从阴性猪场引进或进行细小病毒感染的血凝抑制试验，当抗体滴度在 1：256 以下或阴性时，方可引进。

（2）延迟后备母猪配种年龄 对发病猪场，应特别防止后备母猪在第一胎配种时被感染，可把其配种期延迟至 9 月龄，此时母源抗体已消失（母源抗体可维持约 21 周），通过人工主动免疫使其产生免疫力后再配种。

（3）要严格引种检疫，做好隔离饲养，对病死尸体及污物、场地，要严格消毒，做好无害化处理。

（4）加强疫苗预防接种 使用疫苗预防接种是预防猪细小病毒病，提高母猪抗病力的有效方法。初产母猪使用灭活苗在配种前 2 个月免疫一次。猪细小病毒病活疫苗免疫一定要谨慎，使用不当可人为传入疫病。若猪场无该病感染最好不免疫，必须免疫时最好使用灭活苗。

（十一）猪伪狂犬病

猪伪狂犬病是由猪伪狂犬病病毒引起的猪急性传染病。其特征为引起妊娠母猪繁殖障碍，新生仔猪出现神经症状并大量死亡，育肥猪呼吸困难、生长停滞，公猪精液质量下降等，是危害全球养猪业的重大传染病之一。

1. 病原 伪狂犬病病毒属于疱疹病毒科猪疱疹病毒属，是疱疹病毒科中抵抗力较强的一种。在 25℃时干草、树枝、食物上可存活 10～30d，5％石炭酸经 2min 灭活，0.5％～1％氢氧化钠迅速使其灭活。

2. 流行特点 猪是伪狂犬病病毒的贮存宿主，病猪、带毒猪及带毒鼠类为本病的重要传染源。在猪场伪狂犬病病毒主要通过感染猪排毒而传给健康猪，被伪狂犬病病毒污染的器具在传播中起着重要作用。空气传播是伪狂犬病病毒扩散的最主要途径。在猪群中病毒主要通过鼻分泌物传播，乳汁和精液也是可能的传播途径。

3. 临床症状 新生仔猪感染伪狂犬病病毒会引起大量死亡，临床上新生仔猪第 1 天表现正常，从第 2 天开始发病，3～5d 内是死亡高峰期。同时，发病仔猪表现出明显的神经症状、昏睡、呕吐、腹泻。15 日龄以内的仔猪感染本病者，病情极严重，死亡率可达 100％。仔猪突然发病，体温上升达 41℃以上，精神极度委顿，发抖，运动不协调，呈角弓反状，四肢做游泳状划动，呕吐，腹泻，极少康复。

断奶仔猪感染伪狂犬病病毒，发病率在 20％～40％，死亡率在 10％～

20%，主要表现为神经症状、腹泻、呕吐等。

成年猪一般为隐性感染，若有症状也很轻微，易恢复。主要表现为发热、精神沉郁，有些病猪呕吐、咳嗽，一般于4～8d内完全恢复。

妊娠母猪常发生咳嗽、发热、精神不振，继而流产、产木乃伊或死胎等繁殖障碍，其中以死胎为主。后备母猪和空怀母猪则表现为不发情，即使配种，返情率也较高；公猪表现睾丸肿胀、萎缩，丧失种用价值。

4. 防控措施　本病没有有效的治疗措施，主要以前期预防为主。

(1) 保证各个阶段猪只的合理营养供给，并做好清洁、消毒工作，及时清理粪便，避免产生过多有害气体污染环境。

(2) 坚持自繁自养和全进全出，防止病原传入和交叉污染。

(3) 严格控制犬、猫、鸟类和其他禽类进入猪场，严格控制人员来往，并做好消毒工作及血清学监测。

(4) 合理使用疫苗，并根据抗体水平决定免疫程序。后备猪应在配种前至少使用基因缺失弱毒苗实施2次伪狂犬病疫苗的免疫接种。经产母猪应根据本场感染程度在怀孕后期（产前20～40d或配种后75～95d）进行1～2次免疫。2次免疫中至少有1次使用基因缺失弱毒苗，第一次使用基因缺失弱毒苗，第二次使用蜂胶灭活苗较为稳妥。哺乳仔猪的免疫要根据本场猪群感染情况而定。本场或周围未发生过伪狂犬病疫情的猪群，可在30日龄免疫1头份灭活苗；若本场或周围发生过疫情，猪群应在20日龄接种基因缺失弱毒苗1头份；频繁发生的猪群应在仔猪3日龄用基因缺失弱毒苗滴鼻。疫区或疫情严重的猪场，保育和育肥猪群应在首免3周后加强免疫1次。

二、细菌性传染病

(一) 猪肺疫

猪肺疫又称猪巴氏杆菌病，俗称"锁喉风""肿脖子"，是由猪多杀性巴氏杆菌引起猪的一种急性或散发性传染病。急性病例呈出血性败血症、咽喉炎、肺炎症状和高度呼吸困难。慢性病例主要表现慢性肺炎症状，呈散发性发生。

1. 病原　病原体是多杀性巴氏杆菌，呈革兰氏染色阴性，有两端浓染的特性，能形成荚膜。有许多血清型。多杀性巴氏杆菌的抵抗力不强，干燥后

2～3d内死亡,在血液及粪便中能生存10d,在腐败的尸体中能生存1～3个月,在日光和高温下立即死亡,1%氢氧化钠溶液及2%来苏儿等能迅速将其杀死。

2. 流行特点 大小猪均有易感性,小猪和中猪的发病率较高。病猪和健康带菌猪是传染源,病原体主要存在于病猪的肺脏病灶,存在于健康猪的呼吸道,随分泌物及排泄物排出体外,经呼吸道、消化道及损伤的皮肤感染。带菌猪受寒、感冒、过劳、饲养管理不当,使抵抗力降低时,可发生自体内源性感染。猪肺疫常为散发,一年四季均可发生,多继发于其他传染病之后。有时也可呈地方性流行。

3. 临床症状 潜伏期1～5d。根据病程分以下三型。

(1) 最急性型 表现败血症症状,病猪常突然死亡,病程稍长的,体温升高到41℃以上,呼吸高度困难,食欲废绝,黏膜蓝紫色,咽喉部肿胀、有热痛,重者可延至耳根及颈部,口鼻流出泡沫,呈犬坐姿势。后期耳根、颈部及下腹皮肤变成蓝紫色,有时见出血斑点。最后窒息死亡,病程1～2d。

(2) 急性型 主要表现纤维素性胸膜肺炎症状,败血症症状较轻。病初猪体温升高,发生干咳,有鼻液和脓性眼屎。先便秘、后腹泻。后期皮肤有紫斑。病程4～6d,不死的转为慢性。

(3) 慢性型 多见于流行后期,主要表现为慢性肺炎或慢性胃肠炎症状。持续性的咳嗽,呼吸困难,体温时高时低,精神不振,食欲减退,逐渐消瘦,有时关节肿胀,皮肤发生湿疹,最后发生腹泻,多经两周以上因衰弱而死亡。

4. 防控措施 根据本病的传播特点,平时应加强饲养管理,搞好清洁卫生,定期接种疫苗。一旦猪群发病,应立即采取隔离、消毒、紧急预防接种、药物治疗等措施,尸体应深埋或高温无害化处理。

每年定期进行有计划的免疫注射是预防本病的重要措施。疫苗可选用猪肺疫氢氧化铝菌苗或猪瘟、猪丹毒、猪肺疫弱毒三联苗。对常发病猪场,可在饲料中添加抗菌药进行预防。应用弱毒疫苗接种时,被接种动物于接种前后至少1周内不得使用抗菌药物。

最急性病例由于发病急,常来不及治疗就死亡。青霉素、链霉素、庆大霉素、土霉素、四环素、氟苯尼考、磺胺类药物对本病都有一定疗效。抗生素与磺胺合用,同时使用退热药物疗效更佳。

（二）猪丹毒

猪丹毒是由猪丹毒杆菌引起猪的一种急性、热性传染病。病程多为急性败血型或亚急性疹块型。主要侵害架子猪。猪丹毒广泛流行于世界各地，对养猪业危害很大。

1. 病原　猪丹毒杆菌是一种纤细的小杆菌，形直或稍弯，革兰氏染色阳性，对外界抵抗力相当强，干燥不易将它杀灭，直接日晒可生存 10d，腌制 3 个月的腊肉和 5.5 个月的咸肉内尚可发现活菌，已掩埋 9 个月的猪尸体内还可找到活菌；对热的抵抗力不强，70℃经 5min 就可被杀灭。一般消毒药物如 1％漂白粉、3％来苏儿、1％氢氧化钠溶液及 10％～20％石灰乳都可迅速将其杀灭。

2. 流行特点　本病主要发生于架子猪，病猪和带菌猪是本病的传染源。病猪、带菌猪以及其他带菌动物（分泌物、排泄物）排出的菌体污染饲料、饮水、土壤、用具和场舍等，经消化道传染给易感猪。本病也可以通过损伤的皮肤及蚊、蝇、虱、蜱等吸血昆虫传播。屠宰厂、加工厂的废料、废水，食堂的残羹喂猪常常引起发病。猪丹毒一年四季都有发生，有些地方以炎热多雨季节流行最盛。本病常为散发性或地方流行性传染，有时也发生暴发性流行。

3. 临床症状　本病主要由消化道感染。潜伏期一般 3～5d。按病程可分以下三型。

（1）急性型（又称败血型）　病猪不愿走动，虚弱地躺卧，不食，有时有呕吐。体温高达 42℃以上，稽留不退。眼结膜充血，眼睛清亮。粪便干硬呈栗状，附有黏液。严重的呼吸加快，黏膜发绀。发病 1～2d 后常见皮肤有红色疹块，大小、形状不一，压之褪色。一般病程经过很短，突然死亡。也有些病猪于 3～4d 后体温下降，死亡。急性不死的转为亚急性和慢性。

（2）亚急性型（疹块型）　发病初期猪食欲失常，精神不振，体温略有增高。以后在背、胸、腹、颈、耳、四肢等处出现方形、菱形等大小不同的红色疹块，手摸有热感。疹块可突起于皮肤，表面出现小水疱，之后水疱液干燥而结成大小不等的痂皮。待疹块发出后，体温随之下降，病势也减轻，病猪经数天或 10d 后能自行恢复。

（3）慢性型　由急性不死或亚急性型转变而来。四肢关节发炎肿胀，生长缓慢，体质虚弱、消瘦。常发生心内膜炎，呼吸急促。经 1 周到数周后食欲渐减少，皮毛粗乱，部分或大部分皮肤坏死，时继而变成厚的痂皮，经久不能脱落。病期可拖延至数周，最后常因过度衰弱或后躯麻痹而死。

4. 防控措施　根据本病的传播特点，平时应加强饲养管理，搞好清洁卫生，定期接种菌苗。一旦猪群发病，应立即采取隔离、消毒、紧急预防接种、药物治疗等综合防控措施。

（1）改善饲养管理，增强机体抵抗力，保持栏舍清洁卫生和通风干燥，避免高温高湿。

（2）加强定期消毒。平时对圈舍进行消毒，用10%～20%生石灰乳液或30%草木灰溶液对圈舍进行消毒，保证猪圈卫生。

（3）坚持自繁自养，对必须引进的猪只，应进行严格检疫，确认健康才能并群饲养。

（4）定期预防接种，每年春秋两季用猪丹毒冻干弱毒苗对猪进行预防接种，也可以注射猪瘟-猪丹毒二联苗或猪瘟-猪丹毒-猪肺疫三联苗，注射后7d产生免疫力，免疫期9个月。

（5）中药治疗　黄连10g、地龙30 g、石膏30 g、大黄30 g、玄参10 g、黄柏10g、知母10g、连翘10g、甘草10g、猪苓10g、茯苓10g、泽泻15g，水煮，每天1剂，连用2～3d。

（三）仔猪副伤寒

仔猪副伤寒主要是由沙门氏菌属中的猪霍乱沙门氏菌和猪伤寒沙门氏菌引起仔猪的一种传染病。其特征急性者为败血症，慢性者为弥漫性纤维素性坏死性肠炎。

1. 病原　沙门氏菌为两端钝圆、中等大小的直杆菌，革兰氏染色阴性。可引起猪副伤寒的沙门氏菌的血清型较为复杂，其中猪霍乱沙门氏菌是主要的病原体，可引起败血症和肠炎；猪伤寒沙门氏菌则以引起溃疡性小肠结肠炎以及坏死性扁桃体炎和淋巴结炎为特征。

沙门氏菌对外界环境的抵抗力较强，在粪中可活1～2个月，在垫草上可活8～20周，在10%～19%食盐腌肉中能生存75d以上；但对消毒药的抵抗力不强，3%来苏儿、3%福尔马林等常用消毒液均能将其杀死。本菌易产生耐药性。

2. 流行特点　本病一年四季均可发生，又以冬春季节多发。本病可感染各种年龄的猪只，但 3～4 月龄仔猪最易感，6 月龄以上的猪发病少，1 月龄以内的仔猪发病更少。多为散发，有时呈地方性流行。病猪和带菌猪是主要的传染源，通过粪便、尿液、流产物排出病菌经消化道感染。环境潮湿、长途运输、卫生较差、营养不良等外界不良因素可造成内源性感染。

3. 临床症状　急性病例体温高达 40～42℃，呕吐和腹泻，排黄绿色、恶臭、粥样稀粪。耳根、胸前、腹下、四肢等肢体远端皮肤发绀、有紫色斑点和斑块，多数病例 2～4d 死亡，耐过猪发育不良，转为僵猪。慢性病例较为常见，开始发病不易察觉，到病猪表现精神不振、寒战、出现腹泻时才被发现。病猪喜钻垫草或者挤堆。恶性腹泻，腹泻和便秘交替进行，粪便恶臭，呈淡黄色、灰绿色或灰白色。病猪长期卧地、高度消瘦，皮肤呈污红色，站立行走时歪歪倒倒。体温有时升高，继而又降至常温。一般于数周后死亡，少数康复猪变为长期带菌的僵猪。

4. 预防措施

（1）本病的发生与饲养管理、卫生条件密切相关，因此应特别注意改善饲养管理，严格执行兽医卫生防疫制度，搞好圈舍清洁卫生，增强仔猪抵抗力。

（2）定期用冻干仔猪副伤寒弱毒菌苗对 1 月龄以上哺乳或断奶仔猪进行免疫预防，用 20％氢氧化铝生理盐水稀释，肌内注射 1mL，免疫期 9 个月。

（3）已发生本病的猪群应及时隔离和治疗，对污染的圈舍全面消毒。治愈猪多为带菌猪，不要和健康猪混群。

5. 治疗措施　对本病有治疗效果的药物很多，如抗生素和磺胺类药物等。

（1）氟苯尼考，每千克体重 10～20mg/kg 肌内注射，每天 1 次，连用 3d，同时口服氟哌酸每千克体重 50mg，连服 3～5d。一般用药 2～3d 病情可好转。为了巩固疗效，继续口服氟哌酸 3d。对未发病的猪用氟哌酸每千克体重 10～20mg 口服，每天 2 次，连服 3d，可起到预防作用。

（2）20％长效土霉素注射液，每 8～10kg 体重肌内注射 1mL，一般使用一次即可。病情严重的病猪，间隔 2d 后重复注射一次。

（3）如为顽固性腹泻的副伤寒可采取限饲或停饲，人工调配口服补液盐（氯化钠 3.5g、碳酸氢钠 2.5g、氯化钾 1.5g、葡萄糖 20g，加入 1L 水溶解即可），防止脱水和酸中毒。

（四）猪大肠杆菌病

猪大肠杆菌病是由病原性大肠杆菌引起的仔猪肠道传染病。常见的有仔猪黄痢、仔猪白痢和仔猪水肿病三种，临床上以发生肠炎、肠毒血症为特征。

大肠杆菌是人和动物肠道的常住菌，大多数无致病性，其中的某些血清型为病原菌，如 K88、K99 等。这些致病性大肠杆菌特别是引起仔猪消化道疾病的大肠杆菌，能产生多种毒素，引起仔猪发病。本属菌为革兰氏染色阴性、无芽孢、有鞭毛、无荚膜、两端钝圆的短杆菌。本菌对外界因素抵抗力不强，60℃经 15min 即可被杀死，一般消毒药均易将其杀死。大肠杆菌有菌体抗原（O）、表面（荚膜或包膜）抗原（K）和鞭毛抗原（H）三种。目前已有 173 个 O 抗原，99 个 K 抗原，56 个 H 抗原。

1. **仔猪黄痢**　仔猪黄痢又称早发性大肠杆菌病，是 1～7 日龄仔猪发生的一种急性、高度致死性疾病。临床上以剧烈腹泻、排黄色水样稀便、迅速死亡为特征。剖检常有肠炎和败血症，也有的无明显病理变化。

（1）流行特点　本病在世界各地均有流行。炎夏和寒冬潮湿多雨季节发病严重，春、秋温暖季节发病少。猪场发病严重，分散饲养的发病少。头胎母猪所产仔猪发病最为严重，随着胎次的增加，母猪长期感染大肠杆菌而逐渐产生了对该菌的免疫力，仔猪发病逐渐减轻。新生仔猪 24h 内最易感染发病。一般在生后 3d 左右发病，最迟不超过 7d。

（2）临床特征　潜伏期短，一般在 24h 左右，长的 1～3d，个别病例到 7 日龄左右发病。窝内发生第一头病猪，1～2d 内同窝猪相继发病。最初为突然腹泻，排出稀薄如水样粪便，黄至灰黄色，混有小气泡并带腥臭；随后腹泻愈加严重，数分钟即泻一次。病猪口渴、脱水，但无呕吐现象，最后昏迷死亡。

（3）防控措施　要做好猪舍的环境卫生和消毒工作。保持产房清洁干燥、不蓄积污水和粪尿，注意通风换气和保暖工作。母猪临产前要对产房进行彻底清扫、冲洗、消毒，垫上干净的垫草。母猪产仔后，把仔猪放在已消毒的保温箱里，暂不接触母猪。待把母猪的乳头、乳房、胸腹部皮肤用 0.1% 高锰酸钾溶液擦洗干净（消毒）、逐个乳头挤掉几滴乳汁后，再让仔猪哺乳，这样可切断传染途径。

要做好对母猪的免疫接种工作，提高保护率。我国已制成大肠杆菌 K88ac－LTB 双价基因工程菌苗、大肠杆菌 K88－K99 双价基因工程菌苗和大肠杆菌K88-K99-987P三价灭活菌苗，前两种口服免疫，后一种用注射法免疫。均于产前15~30d免疫（具体用法参见说明书）。母猪免疫后，其血清和初乳中有较高水平的抗大肠杆菌抗体，能使仔猪获得很高的被动免疫保护率。

有些猪场，在仔猪生后吃初乳之前，全窝逐头口服抗菌药物（庆大霉素）。有的在仔猪未吃初乳前喂微生态制剂（乳酶生、促菌生、调剂生等）预防本病，每天1次，连服3d。在服用微生态制剂期间禁止服用抗菌药物。

仔猪黄痢的治疗应采取抗菌、止泻、助消化和补液等综合措施。出现症状时再治疗，往往效果不佳。在发现1头病猪后，立即对与病猪接触过的未发病仔猪进行药物预防，疗效较好。白龙散疗法：白头翁6g、龙胆草3g、黄连1g，共为细末，和米汤灌服，每天1次，连用3d。

2. 仔猪白痢　仔猪白痢是由大肠杆菌引起10日龄左右仔猪发生的消化道传染病。临床上以排灰白色或黄白色粥样稀便为主要特征，发病率高而致死率低。

（1）流行特点　本病一般发生于10~30日龄仔猪，7日龄以内及30日龄以上猪很少发病。猪肠道菌群失调、大肠杆菌过量繁殖是本病的重要病因。气候变化、饲养管理不当是本病发生的诱因。在冬、春两季气温剧变、阴雨连绵或保暖不良及母猪乳汁缺乏时发病较多。一窝仔猪有一头发生后，其余的往往同时或相继发生。

（2）临床特征　体温一般无明显变化。病猪腹泻，排出白色、灰白色至黄白色粥状有特殊腥臭的粪便。同时，病猪畏寒、脱水，吮乳减少或不吃，有时可见吐乳。除少数发病日龄较小的仔猪易死亡外，一般病猪病情较轻，可自愈，但多反复而形成僵猪。病理剖检无特异性变化，一般表现消瘦和脱水等外观变化。部分肠黏膜充血，肠壁菲薄而呈半透明状，肠系膜淋巴结水肿。

（3）防控措施　仔猪白痢是兽医临床上的一种综合病症，必须分清病因，对症下药，才能收到效果。

①预防　搞好猪舍环境卫生。临产前，对母猪舍进行彻底清扫，然后用2%氢氧化钠溶液消毒，保持母猪舍清洁干燥。做好免疫工作，母猪在产前28d和14d分别注射K88-K99-987P大肠杆菌苗一次，每次注射2mL；或者在产前20d注射K88LTB基因工程苗一次。只要仔猪出生时吃到充足的初乳，就可有效地控制仔猪黄痢、白痢。做好母猪的药物预防，母猪产前1~2d或当日，给母猪投服或注射抗菌药物，口服药物可选恩诺沙星等，注射针剂可选长

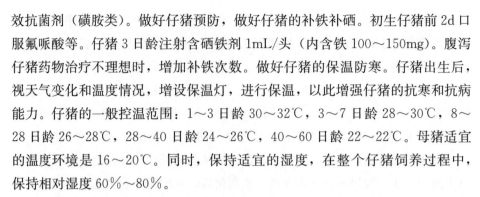

效抗菌剂（磺胺类）。做好仔猪预防，做好仔猪的补铁补硒。初生仔猪前 2d 口服氟哌酸等。仔猪 3 日龄注射含硒铁剂 1mL/头（内含铁 100～150mg）。腹泻仔猪药物治疗不理想时，增加补铁次数。做好仔猪的保温防寒。仔猪出生后，视天气变化和温度情况，增设保温灯，进行保温，以此增强仔猪的抗寒和抗病能力。仔猪的一般控温范围：1～3 日龄 30～32℃，3～7 日龄 28～30℃，8～28 日龄 26～28℃，28～40 日龄 24～26℃，40～60 日龄 22～22℃。母猪适宜的温度环境是 16～20℃。同时，保持适宜的湿度，在整个仔猪饲养过程中，保持相对湿度 60%～80%。

②治疗　发现仔猪白痢应及时隔离和治疗，采用庆大霉素 10 支 20mL（8万 IU/支）、黄连素 2 支 20mL（0.1g/支）、复方敌菌净片 100 粒混合浸泡10min 后搅拌均匀，乳猪每 1kg 体重喂服混合液 2mL，病重者重复使用 1 次。当仔猪发生黄痢、白痢且严重脱水时，用 5% 碳酸氢钠溶液 10mL、5% 葡萄糖盐水 10～20mL，混合均匀后腹腔注射。采用穴位注射治疗仔猪黄痢、白痢。在仔猪后海穴注射痢菌净，其剂量为每千克体重 3.5mg。同时肌内注射庆大霉素 10 万～15 万 IU，或用 2.5% 恩诺沙星，每千克体重注射 0.1mL，每天 2次，连续治疗 2d。

3. 仔猪水肿病　猪水肿病是由溶血性大肠杆菌毒素引起断奶仔猪眼睑或其他部位水肿、神经症状为主要特征的疾病，是断奶仔猪常见的多发病，发病率 5%～30%，病死率达 90% 以上。

（1）流行特点　本病主要发生于断奶前后的仔猪，以断奶后 1～3 周内发病率最高，同窝仔猪中吃得越多、长得越壮的越容易发病。发病时间多集中在3—5 月和 9—11 月。发病急、死亡快，散发性传染，病程短，致死率高。气温变化大时多发，气温平稳时少发。

（2）临床症状　急性患猪突然发病，步态不稳，走路蹒跚，倒地后肌肉震颤，严重的全身抽搐、口吐白沫，无明显症状，几小时即死亡。病猪多为健壮、吃得饱长得快的。亚急性患猪食欲废绝，精神沉郁，体温大多正常。眼睑、鼻、耳、下颌、颈部、胸腹部等水肿，其中耳朵水肿最为明显，皮肤发亮，指压有窝。重症猪水肿时上下眼睑仅剩一小缝隙。行走时四肢无力，共济失调，左右摇摆，站立不稳，形态如醉，盲目前进或做圆圈运动，倒地后四肢呈游泳状。有的病猪前肢跪地，两后肢直立，突然猛向前跑。很快出现后肢麻痹、瘫痪，卧地不起。有的病猪出现便秘或腹泻。触诊皮肤异常敏感，叫声嘶哑，皮肤发绀，体温降到常温以下，最后因间歇性痉挛和呼吸极度困难衰竭而死亡。剖检死猪，最突出的变化是胃、结肠系膜、眼睑、喉部、皮下、腹部尤其是胃壁大弯部和贲门部黏膜下层水肿明显。切开水肿部，流出透明、无色至黄色的渗出液，或呈胶冻状，位于黏膜下至黏膜肌层。全身淋巴结水肿，有的可见肺水肿、大脑水肿及直肠周围水肿。心包、腹腔内有大量积液或腹水。胆囊水肿，肝脏脆、易碎。多数仔猪胃内充满食物，小肠和结肠内容物较少。

（3）预防措施　每批仔猪转入前和转出后，应对猪舍、门窗、墙壁、地面等用水冲洗干净，然后用2%氢氧化钠溶液消毒，保持猪舍清洁干燥。在母猪临产前28d和14d分别肌内注射仔猪大肠杆菌 K88-K99-987P 三价灭活苗，每次每头2mL，以增强母猪血清和初乳中大肠杆菌的抗体。妊娠母猪临产前第7天和第2天，分别肌内注射猪水肿抗毒注射液10mL/头，可确保所产仔猪得到一定的保护。仔猪3~4日龄肌内注射富铁力1mL或牲血素1mL、0.1%亚硒酸钠2mL/头，能有效补充铁和硒的不足。仔猪3~5日龄饮用淡盐水，7日龄补食富含蛋白质和维生素的饲料，适量增加粗纤维饲料，以促进器官发育。断奶后1个月内，每100kg饮水或饲料中加1~2kg食醋或柠檬酸，以提高仔猪胃内酸度。

（4）治疗措施　及时隔离病猪，采取抗菌消肿、解毒镇静、强心利尿等原则进行综合治疗。2.5%恩诺沙星注射液，按每千克体重10mL肌内注射，每天2次，连用2~3d。盐酸环丙沙星注射液按每千克体重1mL肌内注射，每天2次，连用3d。中药治疗：苍术、白术、神曲、猪苓、车前草各6g，滑石12g，甘草16g，加水浓煎，取汁，每天2次喂服。

（五）猪传染性胸膜肺炎

猪传染性胸膜肺炎是由胸膜肺炎放线杆菌引起猪的一种高度传染性呼吸道疾病，以急性出血性纤维素性胸膜肺炎和慢性纤维素性坏死性胸膜肺炎为特征，急性型呈现高死亡率。

1. 病原　胸膜肺炎放线杆菌为小到中等大小的球杆状到杆状，具有显著的多形性。菌体有荚膜，不运动，革兰氏阴性。本菌对外界的抵抗力不强，干燥的情况下易死亡，对常用的消毒剂敏感，一般60℃经5~20min内死亡，4℃下通常存活7~10d。

2. 流行特点　各种年龄、性别的猪都可发生，但以6周龄至6月龄的猪

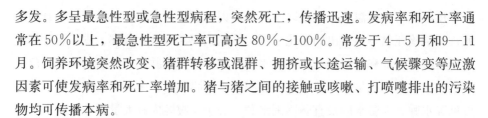

大 河 猪

多发。多呈最急性型或急性型病程，突然死亡，传播迅速。发病率和死亡率通常在50%以上，最急性型死亡率可高达80%~100%。常发于4—5月和9—11月。饲养环境突然改变、猪群转移或混群、拥挤或长途运输、气候骤变等应激因素可使发病率和死亡率增加。猪与猪之间的接触或咳嗽、打喷嚏排出的污染物均可传播本病。

3. 临床症状　猪突然发病，病程短，发病率和死亡率高。潜伏期一般为1~7d，死亡率随毒力和环境而有差异。本病具有肺炎和胸膜肺炎的典型特征，临床症状与年龄、免疫状况、易感性、环境应激因素及病原菌感染的数量、毒力等不同而存在差异，一般可分为最急性型、急性型、慢性型3种。

（1）最急性型　感染后突然发病，病猪体温升高至41℃以上，心率增加，精神沉郁，废食，出现短期的腹泻和呕吐症状。早期病猪无明显的呼吸道症状；后期心衰，鼻、耳、眼及后躯皮肤发绀；晚期呼吸极度困难，常呆立或呈犬坐式，张口伸舌，咳喘，并有腹式呼吸。临死前体温下降，严重者从口鼻流出泡沫血性分泌物。病猪于出现临床症状后24~36h内死亡。有的病例见不到任何临床症状突然死亡。

（2）急性型　病猪体温升高达40.5~41℃，严重的呼吸困难、咳嗽、心衰，呈败血症。皮肤发红，精神沉郁，不愿站立，厌食、不爱饮水。整个病情比最急性型稍缓，不间断出现胸膜肺炎症状的病猪，通常于发病后2~4d内死亡。病初症状较为缓和者，能耐过4~5d及以上，症状逐渐消退，常可康复，或转为亚急性或慢性，病程持续时间较长。

（3）慢性型　多于急性期后期出现。病猪轻度发热或不发热，体温在39.5~40℃，精神不振，食欲减退。不同程度的自发性或间歇性咳嗽，呼吸异常，生长迟缓。病程几天至1周，或治愈或有应激条件出现时，症状加重，猪全身肌肉苍白，心跳加快而突然死亡。

4. 防控措施

（1）加强饲养管理，严格卫生消毒措施，注意通风换气，保持舍内空气清新。减少各种应激因素的影响，保持猪群足够均衡的营养水平，严禁饲喂发霉饲料，防止产生免疫抑制。

（2）加强猪场的生物安全措施。从无病猪场引进公猪或后备母猪，防止引进带菌猪；采用"全进全出"饲养方式，猪出栏后厩舍彻底清洁消毒，空栏7d以上再重新使用。

（3）对已污染本病的猪场应定期进行血清学检查，清除血清学阳性带菌猪，并制定药物防治计划，逐步建立健康猪群。在混群、疫苗注射或长途运输前1～2d，应投喂敏感的抗菌药物，如在饲料中添加适量的泰妙菌素、泰乐菌素等抗生素，进行药物预防，可控制猪群发病。

（4）疫苗免疫接种　目前已有商品化的灭活疫苗用于本病的免疫接种。一般在5～8周龄时首免，隔2～3周后二免。母猪在产前4周进行免疫接种。应用包括国内主要流行菌株和本场分离株制成的灭活疫苗预防本病，效果更好。

（5）本病发病迅速，治疗成功与否取决于早期确诊及快速而有效的治疗，以抗菌消炎、解除呼吸困难为原则。氟苯尼考注射液，按20～30mg肌内注射（以体重计），每天1～2次，连用3～5d。再配合增效磺胺甲基异噁唑注射液或复方磺胺间甲氧嘧啶，分别肌内注射，每天2次，效果更佳。复方庆大霉素注射液4mg和地塞米松0.5～2mg，肌内注射，每天2次，连用3～5d。中药治疗：以清热泻火、养肺滋阴、止咳平喘为治则。方剂用麻杏石甘汤加减：麻黄20g、杏仁20g、连翘10g、半夏30g、桔梗20g、蜜制款冬花30g、桑白皮40g、虎杖30g、黄芩30g、栀子30g、黄柏30g、黄连30g、苏子40g、石膏100g、赛素草20g、甘草15g。

（六）副猪嗜血杆菌病

副猪嗜血杆菌病又称多发性纤维素性浆膜炎与关节炎。临床上以体温升高、呼吸困难、关节肿大、多发性浆膜炎、运动障碍和高死亡率为特征，少数猪表现神经症状，严重危害仔猪和青年猪的健康。

1. 病原　副猪嗜血杆菌目前暂定为巴氏杆菌科嗜血杆菌属，广泛存在于自然环境和养猪场中，属于一种条件性常在菌。当猪体健康良好、抵抗力强时，病原不呈致病作用；一旦猪体健康水平下降、抵抗力弱时，病原就会大量繁殖而导致发病。

本菌对外界环境的抵抗力不强，干燥环境中易死亡，对热抵抗力低，一般60℃经5～20 min可被杀死，在4℃下通常只能存活7～10d。对消毒药较敏感，常用消毒药即可杀灭该菌。

2. 流行病学　一般在早春和深秋天气变化较大的时候，2周至4月龄断奶前后的仔猪和保育初期的架子猪多发生本病，5～8周龄猪最为多发。还可继发一些呼吸道及胃肠道疾病。发病率一般10%～25%，严重时可达60%，病死率可达 50%。

本病主要通过呼吸道和消化道传播，常在猪受到一些应激因素刺激时发生和流行，如饲料营养失调、饲料霉变、栏舍环境卫生差、猪只密度大、通风不好、舍内氨气含量高、高温高湿或阴冷潮湿、断奶转群、突然变换环境、频繁调栏、长途运输、天气突变等。

3. 临床症状　急性病例往往首先发生于膘情良好的猪，病猪发热（40.5～42.0℃），精神沉郁，食欲下降。呼吸困难，腹式呼吸。皮肤发红或苍白，耳梢发紫，眼睑皮下水肿。行走缓慢或不愿站立，驱赶时因疼痛患猪发出尖叫。腕关节、跗关节肿大，共济失调。临死前侧卧或四肢呈划水样，有时会无明显症状突然死亡。慢性病例多见于保育猪，主要表现食欲下降，咳嗽，呼吸困难，被毛粗乱，四肢无力或跛行，生长不良，直至衰竭而死亡。

4. 病理变化　一般有明显胸膜炎、心包炎、肺炎、关节炎，以浆液性、纤维素性渗出为炎症特征。肺可有间质水肿、粘连，肺表面和切面大理石样病变。心包积液、粗糙、增厚，心脏表面有大量纤维素渗出。腹腔积液，肝、脾肿大，与腹腔粘连。前、后肢关节切开有胶冻样物。

5. 防控措施

（1）加强饲养管理　本病病原为机体内常在菌，抵抗力降低，就会引起本病的发生。因此，应加强猪群饲养管理，保持合理的饲养密度、加强通风与保温、确保饲料营养全面、保证维生素与微量元素充足。严格做好圈舍日常消毒工作，保持圈舍卫生干燥。

（2）药物预防　早期用抗生素治疗有效，可减少死亡。临床症状出现后，需立即口服抗生素类药物全群预防。

（3）免疫预防　目前国内有不同的副猪嗜血杆菌病灭活疫苗供应，其制苗菌株的血清型有所不同。华南农业大学以国内流行的优势血清型（4型与5型）研制了副猪嗜血杆菌病二价灭活疫苗，母猪产前 4～6 周免疫，仔猪 14～16 日龄免疫。

（七）猪链球菌病

猪链球菌病是由多种不同群的链球菌引起猪不同临床类型传染病的总称。急性病例常表现败血症和脑膜炎，由 C 群链球菌引起的发病率和死亡率高，危害大；慢性病例表现关节炎、心内膜炎和组织化脓性炎，以 E 群链球菌引起的淋巴脓肿最为常见，流行最广。

1. 病原 猪链球菌为圆形或卵圆形、链状排列、长短不一的革兰氏阳性球菌。在血平板培养基上生长，菌落周围形成溶血环。现已发现其荚膜抗原血清型有 35 种以上。大多数致病性血清型在 1～9。血清型 2 为最常见和毒力最强的。致病因子有荚膜、溶菌酶释放蛋白、细胞外因子、溶血素。荚膜可以保护细菌，抵抗吞噬；溶菌酶释放蛋白；细胞外因子的存在提高了菌株的致病力。

本菌抵抗力不强，对干燥、湿热均较敏感，60℃ 加热 30min 即可致死。常用消毒药都可将其杀死。对青霉素敏感。

2. 流行特点 猪链球菌的自然感染部位是猪的上呼吸道（特别是扁桃体和鼻腔）、生殖道和消化道。各种年龄的猪均可发病，但败血症型和脑膜脑炎型多见于仔猪，化脓性淋巴结炎型多见于中猪。病猪、临床康复猪和健康猪均可带菌，当健康猪群引入带菌猪后，由于互相接触，病菌可通过口、鼻、皮肤伤口而传染。该病一年四季均可发生，多发于养猪密集地区，呈地方性流行。有皮肤损伤、蹄底磨损、去势、脐带感染等外伤病史的猪易发生该病，哺乳仔猪发病率和病死率较高，中猪次之，大猪较少。

3. 临床症状 潜伏期 2～4d 或稍长，根据临床表现，将其分为 4 个型：

（1）急性败血型 急性型猪链球菌病发病急、传播快，多表现为急性败血型。病猪突然发病，体温升高至 41～43℃，精神沉郁、嗜睡、食欲废绝，流鼻水，咳嗽，眼结膜潮红、流泪，呼吸加快。少数病猪在病的后期，于耳尖、四肢下端、背部和腹下皮肤出现广泛性充血、潮红。

（2）脑膜炎型 多见于哺乳仔猪和断奶仔猪，病猪体温升高至 40.5～42℃，不食，便秘，鼻流浆液性或黏液性鼻液。继而出现神经症状：尖叫、抽搐、共济失调、转圈、空嚼、磨牙，后肢麻痹、四肢做游泳状，甚至昏迷不醒，病程 1～2d。

（3）关节炎型 表现一肢或几肢关节肿胀、疼痛，有跛行，甚至不能起立。病程 2～3 周。死后剖检，见关节周围肿胀、充血，滑液混浊，重者关节软骨坏死，关节周围组织有多发性化脓灶。

（4）化脓性淋巴结炎（淋巴结脓肿）型 多见于下颌淋巴结，其次是咽部和颈部淋巴结。受害淋巴结肿胀、坚硬、有热有痛，影响采食、咀嚼、吞咽和呼吸，伴有咳嗽、流鼻液。至化脓成熟，肿胀中央变软，皮肤坏死，自行破溃流脓，以后全身症状好转，局部逐渐痊愈。病程一般为3～5周。

4. 防控措施

（1）加强饲养管理，注意清洁卫生和消毒工作。本病流行时，应采取封锁、隔离等措施，对病猪和可疑猪应采用药物治疗，全场用10％生石灰乳或2％～4％氢氧化钠溶液等进行彻底消毒。

（2）每年定期进行链球菌苗的预防注射，一般在仔猪断奶前后进行1次免疫，免疫期半年。留作种用的6月龄再免疫1次。

（3）本病菌对药物、特别是抗生素容易产生耐药性，所以发生本病必须早用药、药量要足。不能见症状好转或消失就停药，以免复发。有条件的可做药敏试验，选用最有效的抗菌药物进行治疗。

个体治疗有多种方案：①青霉素，每千克体重3万IU肌内注射，同时配合肌内注射链霉素1～2g/头，每天2次，连用3～5d。②长效土霉素，每千克体重10～15mg肌内注射。对淋巴结脓肿型在局部消毒后，切开排脓，冲洗后撒入抗生素或磺胺类药物，同时结合抗菌消炎。

（八）李氏杆菌病

李氏杆菌病是由产单核细胞李氏杆菌引起的一种食源性、散发性人畜共患传染病。猪以脑膜炎、败血症和单核细胞增多症、妊娠母猪发生流产为特征。

1. 病原　产单核细胞李氏杆菌革兰氏染色阳性，无荚膜，不形成芽孢。现已查明本菌有7个血清型和11个亚型，猪以Ⅰ型多见。本菌在pH5.0以下缺乏耐受性，但对热、食盐有较强的耐受性，常规巴氏消毒法不能杀灭它，65℃经30～40min才能被杀灭。常用消毒药都易使之灭活。本菌对青霉素有抵抗力，对链霉素敏感，但易形成抗药性；对四环素类和磺胺类药物敏感。

2. 流行特点　李氏杆菌在自然界分布很广，从土壤、排污水管、奶酪和青贮饲料里常可发现。患病和带菌动物是本病的传染源，其粪、尿、乳汁、精液及眼、鼻和生殖道分泌物都可分离到本菌。主要通过粪-口途径传染。自然感染的传播途径包括消化道、呼吸道、眼结膜和损伤的皮肤。污染的土壤、饲料、水和垫料都可成为本菌的传播媒介。本病一般为散发，但发病后的致死率很高。本病的发生无季节性，幼龄和妊娠猪较易感。

3. 临床症状　本病主要表现为败血症和脑膜脑炎症状。

（1）败血型和脑膜炎型　混合型多发生于哺乳仔猪，突然发病，体温升高至 41～41.5℃，不吮乳，呼吸困难，粪便干燥或腹泻，排尿少，皮肤发紫，后期体温下降，病程 1～3d。多数病猪表现为脑炎症状，病初意识障碍，兴奋、肌肉震颤、无目的地走动或转圈，或不自主地后退，或以头抵地呆立；有的头颈后仰，呈观星姿势；严重的倒卧、抽搐、口吐白沫、四肢乱划，遇刺激时出现惊叫，病程 3～7d。较大的猪表现共济失调，有的后肢麻痹，不能起立，或拖地行走，病程可达半个月以上。

（2）单纯脑膜脑炎型　大多发生于断奶后的仔猪或哺乳仔猪。病情稍缓和，体温与食欲无明显变化，脑炎症状与混合型相似，病程较长，终归死亡。病猪血液检查时，其白细胞总数升高，单核细胞达 8%～12%。母猪感染一般无明显的临床症状，但妊娠母猪感染常发生流产，一般引起妊娠后期母猪的流产。

4. 防控措施　目前尚无有效的疫苗用于本病的预防。预防应做好平时的饲养管理工作，处理好粪尿，减少饲料和环境中的细菌污染。不要从有病的猪场引种，做好猪场的灭鼠工作，定期驱除猪体内外寄生虫。

发病猪应及时隔离治疗，严格消毒；发病初期可用链霉素、庆大霉素及磺胺类药物注射，可取得较好的治疗效果。

（九）猪痢疾

猪痢疾是由致病性猪痢疾短螺旋体引起猪的一种肠道传染病。其特征为黏液性或黏液出血性腹泻，大肠黏膜发生卡他性出血性炎症，有的发展为纤维素坏死性炎症。

1. 病原　猪痢疾短螺旋体为革兰氏阴性厌氧螺旋体，对氧有一定程度的耐受性，菌体在空气中暴露 10h 以内一般不会死亡，最适生长温度为 37～42℃。在粪便中 5℃存活 61d，25℃存活 7d，在土壤中可存活 18d；对一般消毒药及高温、氧、干燥等敏感。

2. 流行特点　不同年龄、品种的猪均有易感性，以 7～12 周龄的幼猪发生最多，一般认为幼猪的发病率约 75%，病死率 5%～25%。病猪和带菌猪是主要传染源，恢复猪的带菌率很高，带菌时间很长（可达 70d 以上）。带菌猪经常从粪便中排出病原体，污染周围环境、饲料、饮水、用具及运输工具而引起传播，经消化道感染。

本病的发生无季节性，流行过程缓慢，同舍内的猪逐渐出现症状，而不是一起发病。在流行初期，多取最急性或急性经过，病死率高。随后，以亚急性和慢性为主。长年持续不断地发生，病死率逐渐降低。饲养管理不良、饲料不足、维生素和矿物质缺乏等，可促进本病发生，加重病情。经短期治疗的猪，停药3～4周后又可复发。在急性期经药物治疗的猪，可能不产生免疫应答，可以再遭受感染。

3. 临床症状　潜伏期随个体及猪群不同而有差异，为3d至2个月，自然感染10～14d，人工感染3～21d。最常见的症状是出现程度不同的腹泻。最急性型往往于数小时内死亡，甚至见不到腹泻症状，这种病例不常见。急性型病例开始排黄色至灰色的软便，食欲下降，体温升至40～40.5℃，数小时或数天之后，排出的粪便含有大量黏液和血丝。随着腹泻的发展，粪便变成水样，含有血液、黏液和白色黏性纤维素性渗出物的碎片，病猪拱背，有时踢腹，表现腹痛症状。由于长期腹泻，导致病猪脱水、口渴、衰弱、瘦削，最后死亡。病程长短相差很大，由数小时到数周。亚急性和慢性型病例，症状较轻，粪便中含有较多黏液和坏死组织碎片，血液较少，病期较长，进行性消瘦，生长迟滞。哺乳仔猪通常不发病，或仅有卡他性肠炎症状，而无出血。

4. 防控措施

(1) 坚持自繁自养的原则，引进种猪实行隔离检疫，特别注意不到集市购买猪苗，平时加强卫生管理和防疫消毒工作。

(2) 发现本病时，可根据情况进行隔离消毒。采用药物进行防治，在病猪舍全群实行治疗量的药物处理，无病猪舍实行药物预防。治疗药物有多种，下列药物均有一定效果：痢菌净，按0.5%水溶液每千克体重0.5mL，肌内注射；或每千克体重2.5～5mg，内服，每天2次，连续3d为一个疗程。硫酸新霉素，每吨饲料拌入300g，连喂3～5d。下述药物按50kg体重给予，链霉素1～2g，口服，每天2次，连服2～3d，对剧烈腹泻者还应采用补液、强心等对症治疗。

第四节　大河猪主要寄生虫病的防控

一、蛔虫病

猪蛔虫病是由猪蛔虫寄生于猪小肠引起的一种线虫病，主要危害3～6月龄的仔猪。感染本病的仔猪生长发育不良，增重下降。严重患病的仔猪生长发育停滞,变成"僵猪",甚至死亡。猪蛔虫病是造成养猪业损失最大的寄生虫病之一。

1. 病原　猪蛔虫是寄生于猪小肠中最大的一种线虫。新鲜虫体为淡红色或淡黄色。虫体中间稍粗,两端较细。头端有 3 个唇片,其中 1 片背唇较大,2 片腹唇较小,排列成"品"字形,体表具有厚的角质层。雄虫长 15~25cm,尾端向腹面弯曲,形似鱼钩。雌虫长 20~40cm,虫体较直,尾端稍钝。

寄生在猪小肠中的每条雌虫平均每天可产卵 10 万~20 万个,每条雌虫一生可产卵 3 000 万个。虫卵随粪便排出后,在适宜的外界环境下,经 11~12d 发育成有感染性的卵,虫卵被猪吞食后,在小肠中孵出幼虫,并进入肠壁的血管,随血流被带到肝脏,再继续沿腔静脉、右心室和肺动脉移行至肺脏。幼虫由肺毛细血管进入肺泡,在这里经过一定的发育,再沿支气管、气管上行,后随黏液进入会厌,经食管至小肠。从初次感染到再次回到小肠发育为成虫,共需 2~2.5 个月。虫体以黏膜表层物质及肠内容物为食,在猪体内寄生 7~10 个月后即随粪便排出。

2. 流行特点　猪蛔虫病的流行很广,一般饲养管理较差的猪场均有本病发生;尤以 3~5 月龄仔猪最易感染,严重影响仔猪的生长发育,甚至引起死亡。

3. 临床症状　猪蛔虫幼虫和成虫阶段引起的症状和病变是不相同的。幼虫移行至肝脏时,引起肝组织出血、变性和坏死,形成云雾状的蛔虫斑。移行至肺时,引起蛔虫性肺炎。临床表现为咳嗽、呼吸增快、体温升高、食欲减退和精神沉郁,病猪伏卧在地,不愿走动。幼虫移行时还引起嗜酸性粒细胞增多,出现荨麻疹和某些神经症状类的反应。成虫寄生在小肠时机械性地刺激肠黏膜,引起腹痛。蛔虫数量多时常凝集成团,堵塞肠道,导致肠破裂。有时蛔虫可进入胆管,造成胆管堵塞,引起黄疸等症状。成虫分泌的毒素作用于猪的中枢神经和血管,能引起一系列神经症状。成虫夺取大量营养,使仔猪发育不良,生长受阻,被毛粗乱,是造成"僵猪"的一个重要原因,严重者可导致死亡。

4. 防控措施　猪蛔虫属土源性寄生虫,因此控制本病保持环境卫生最为重要。平时要保持圈舍干燥,注意饲料及饮水的清洁卫生,定时清理猪粪和垫草并堆集发酵,以杀灭虫卵。对本病流行的猪场或地区,坚持预防为主的原则,定期驱虫。在规模化猪场,首先要对全群猪进行驱虫,以后公猪每年驱虫

2次，母猪产前1~2周驱虫1次，仔猪转入新圈时驱虫1次，新引进的猪需驱虫后再与其他猪并群，猪舍在进猪前应彻底清洗和消毒。在散养的育肥猪场，对断奶仔猪进行第1次驱虫，4~6周后再驱虫1次。在广大农村散养的猪群，建议3月龄和5月龄各驱虫1次。驱虫时应首选阿维菌素类药物。

治疗可选用下列药物，均有很好的治疗效果：甲苯咪唑每千克体重10~20mg，或左旋咪唑每千克体重10mg，或氟苯咪唑每千克体重30mg，或阿苯达唑每千克体重10~20mg，混在饲料中喂服。

二、旋毛虫病

猪旋毛虫病是由旋毛虫成虫寄生于猪小肠、幼虫寄生于横纹肌引起的寄生虫病。该病为人兽共患病，在吃生猪肉或未煮熟猪肉习惯的地区易发生该病，人感染本病后可引起死亡。该病是肉品卫生检验项目之一。

1. 病原　旋毛虫成虫寄生于猪的小肠，幼虫寄生于猪的肌肉。当人或动物吃了含有旋毛虫幼虫包囊的猪肉后，包囊被消化，幼虫逸出钻入十二指肠和空肠黏膜内，经1.5~3d即发育为成虫。成虫为白色、前细后粗的小线虫，肉眼可见。雌雄虫交配后，雄虫死亡，雌虫钻入肠腺或黏膜下淋巴间隙中产出幼虫。大部分幼虫经肠系膜淋巴结到达胸导管，入前腔静脉后进入心脏，然后随血流散布到全身。横纹肌是旋毛虫幼虫最适宜的寄生部位，其他如心肌、肌肉表面的脂肪，甚至脑、脊髓中也曾发现过虫体。进入肌纤维的幼虫迅速发育增大，形成含有囊液和数条幼虫的包囊，并在数月至数年内开始钙化，钙化包囊的幼虫仍能存活数年。

2. 流行特点　人和多种动物在自然条件下可以感染旋毛虫病，家畜中主要见于猪和犬。中国云南、西藏、湖北、吉林、黑龙江、辽宁、甘肃等省（自治区）都有该病流行的报道。旋毛虫幼虫的寿命很长，在人体中有经31年还保持感染力的报道。在猪体中，经11年还保持感染力。猪感染旋毛虫主要是吃了未经煮熟的含有旋毛虫的泔水、废弃肉渣及下脚料，主要见于放牧的猪。人感染该病多由生吃或食用不熟的肉类引起。此外，切过生肉的菜刀、砧板均可能黏附旋毛虫的包囊。

3. 临床症状　病猪轻微感染多不出现典型症状而带虫。严重感染时体温升高，下痢，便血；有时呕吐，食欲不振，迅速消瘦，半个月左右死亡，或者转为慢性。猪感染后，由于幼虫进入肌肉引起肌肉急性发炎、疼痛和发热，因此有时会出现吞咽、咀嚼、运步困难和眼睑水肿，1个月后症状消失，耐过猪成为长期带虫者。

4. 病理变化　幼虫侵入肌肉时，肌肉急性发炎，表现为心肌细胞变性、组织充血和出血。后期采取肌肉做活组织检查或病猪死后肌肉检查发现，肌肉苍白色，切面上有针尖大小的白色结节；显微镜检查可以发现虫体包囊，包囊内有弯曲成折刀形的幼虫，外围有结缔组织形成的包囊。成虫侵入小肠上皮时，引起肠黏膜发炎，表现为黏膜肥厚、水肿，炎性细胞浸润，渗出物增加，肠腔内容物充满黏液，偶见溃疡。

5. 防控措施　提高公民的安全卫生意识是预防该病的关键。加强卫生宣传，搞好公共卫生，不食生的或未煮熟的肉品。病死猪要焚烧或深埋，不用含有旋毛虫的动物碎肉、内脏、泔水喂猪。猪粪堆集发酵处理，同时开展灭鼠工作，以防猪、犬等动物食入死亡的老鼠。定期检查、驱虫，并注意个人卫生；加强肉品卫生检验，未获得检疫检验的猪肉不准上市。治疗可用阿苯达唑、甲苯咪唑，每日每千克体重25～40mg，分2～3次口服，5～7d为一个疗程，能驱杀成虫和肌肉中的幼虫。

三、囊虫病

猪囊虫病是由猪囊尾蚴寄生于猪肌肉中而引起的一种寄生虫病，患囊虫病的猪肉俗称为"米猪肉"。成虫寄生于人的小肠；幼虫寄生在猪的肌肉组织中，有时也寄生于猪的实质器官和脑中，从而引起严重的疾病。

1. 病原　猪囊虫成虫体长2～7mm，头节呈圆球形，上有4个吸盘和1个顶突，顶突周围有2排小钩。颈节短而窄，后接未成熟的节片，最后依序为正方形的成熟节片和长方形的孕卵节片。从粪便中排出的孕卵节片常常几个连在一起，孕卵节片内的子宫有7～12对侧支。

幼虫称猪囊尾蚴或猪囊虫，呈白色、半透明的小囊泡，囊内含有囊液，囊壁上有一乳白色的小结。囊虫包埋在肌纤维间，外观似散在的豆粒或米粒。有钩绦虫寄生于人的小肠，其孕卵节片随粪便排到外界，猪吞食了孕卵节片或节片破裂后散落出的虫卵而受到感染。虫卵在胃肠消化液的作用下，卵壳破碎，六钩蚴逸出，钻入肠壁，随血液被带到全身各部，如咬肌、心肌、膈肌、舌肌、前肢上部肌肉、股部和颈部肌肉中，约经2个月发育为囊虫。当人吃了未煮熟的带有囊虫的猪肉时即受到感染。此时囊虫翻出头节，吸着在人的小肠黏膜上，经 2~3 个月发育为成虫，在人体内可寄生数年或十年之久，并不断地向外界排出孕卵节片，成为猪囊虫的感染来源。

2. 流行特点　猪囊虫病呈全球性分布，我国主要发生于东北、华北和西北地区及云南、广西与西藏的部分地区，沿海地区和长江流域地区极少发生。由于国家加强了肉食品的安全检查，本病的发生率已呈逐步下降趋势。

猪囊虫病主要是猪与人之间循环感染的一种人畜共患病。人有钩绦虫病的感染源为猪囊虫，猪囊虫病的感染源是人体内寄生的有钩绦虫排出的孕卵节片和虫卵。感染猪有钩绦虫的患者每天向外界排出孕卵节片和虫卵，且可持续排出数年甚至 20 余年，这样猪就长期处于感染的威胁之中。

猪囊虫病的发生和流行与人的粪便管理和猪的饲养方式密切相关，本病一般发生于经济不发达的地区。这些地区往往是人无厕所猪无圈，甚至还有连茅圈（厕所与猪圈相连）的现象，猪接触人的机会多。此外，有些地区有吃生猪肉的习惯，或烹调时间过短、蒸煮时间不够等也能造成人感染猪有钩绦虫。

3. 临床症状　患猪多呈现慢性消耗性疾病的一般症状，常表现为营养不良，生长发育受阻，被毛长而粗乱，贫血，可视黏膜苍白，轻度水肿。辨认猪囊虫病应根据猪的临床表现进行综合分析。猪屠宰后在肌肉（如咬肌、舌肌、膈肌、肋间肌、心肌以及颈、肩、腹部肌肉）中观察到白色、如黄豆大小的透明状囊泡，且囊泡中有小米粒大小的白点即可确诊。

4. 防治措施　讲究卫生，做到人有厕所猪有圈，彻底消灭连茅圈，防止猪吃人粪而感染猪囊虫病；加强肉品卫生检验；改变饮食习惯，不吃生的或未煮熟的猪肉。

四、棘球蚴病

猪棘球蚴病又名包虫病，是由细粒棘球绦虫的幼虫——棘球蚴引起的。成虫寄生在犬、狼、狐的小肠，幼虫寄生在人及牛、羊、猪的肝、肺等脏器内。

1. 病原　棘球蚴呈囊泡状，囊内有无色透明的液体。囊壁分两层，外层为角质层，有保护作用；内层为生发层，在该层可长出生发囊，生发囊的内壁上生成许多头节。生发囊和头节脱落后，沉在囊液里，呈细沙状，故称"棘球沙"或"包囊沙"。有时囊内还可生成子囊，子囊内还可生成孙囊。

2. 流行特点　寄生在犬、狼等体内的成虫数量一般很多，它们的孕卵节片随粪便排出体外，虫卵散布在牧草或饮水里，中间宿主牛、羊和猪等随着吃草或饮水而感染。虫卵在其胃肠消化液的作用下，六钩蚴脱壳而出，穿过肠壁，随血液流至肝和肺部，逐步发育为棘球蚴。终末宿主犬、狼等吃了有棘球蚴的脏器而受到感染。

3. 临床症状　初期一般不显示症状。寄生在肺时，猪出现呼吸困难、咳嗽、气喘及肺浊音区逐渐扩大等症状。寄生在肝时，猪最后多呈营养衰竭和极度虚弱。

4. 防控措施　消灭野犬。对警犬和牧羊犬应定期驱虫。用吡喹酮药饵（5mg/kg）、甲苯唑（8mg/kg）、氢溴酸槟榔碱（2mg/kg）或氯硝柳胺（灭绦灵、拜耳2353，犬的剂量为25mg/kg）可驱除犬的各种绦虫。驱虫后排出的粪便和虫体应做好处理。加强肉品卫生检验工作，对有病脏器必须销毁，严禁作为犬食。保持猪舍、饲料和饮水卫生，防止被犬粪污染。治疗可用吡喹酮，每千克体重25～30mg，连服5d，可杀灭猪棘球蚴。

五、肺线虫病

猪肺线虫病又称猪后圆线虫病或寄生性支气管肺炎，主要由长刺猪肺虫寄生于猪的支气管引起，多危害仔猪和育肥猪，引起支气管炎和支气管肺炎，严重时可引起大批猪死亡。

1. 病原　病原主要为后圆科后圆属的刺猪肺虫，其次为短阴后圆线虫和萨氏后圆线虫。猪肺虫需要蚯蚓作为中间宿主。雌虫在猪的支气管内产卵，卵随痰转移至口腔咽下，随粪便排到外界。虫卵被蚯蚓吞食后，在其体内孵化出第一期幼虫，在蚯蚓体内经10～20d蜕皮2次后即发育成有感染性的幼虫。猪吞食了这种蚯蚓后而被感染，也有的蚯蚓在损伤或死亡后其体内的幼虫逸出，进入土壤，猪吞食被污染的泥土也可被感染。感染性幼虫进入猪体后，侵入肠壁，钻到肠系膜淋巴结中发育，又经2次蜕皮后循淋巴系统进入心脏、肺脏，在肺实质、小支气管及支气管内成熟，自感染后约经24d发育为成虫排卵。

2. 流行特点　本病主要感染仔猪和育肥猪，6～12月龄猪易感。病猪和带虫猪是本病的主要传染源，被猪肺虫卵污染并有蚯蚓的牧场、运动场、饲料种植场及有感染性幼虫的水源等均可能是猪感染的重要场所。本病主要经消化道传播，是猪吞噬含有感染性幼虫的蚯蚓而引起的。因此，本病的发生与蚯蚓的滋生和猪采食蚯蚓的机会有密切关系，主要发生在夏、秋季，冬季很少发生，这是因为蚯蚓在夏、秋季最为活跃。

3. 临床症状　轻度感染的猪症状不明显，但生长发育会受到影响。瘦弱的幼猪（2~4 月龄）感染虫体较多，有气喘病、病毒性肺炎等疾病合并感染时则病情严重。病猪主要表现为食欲减少，消瘦，贫血，发育不良，被毛干燥无光；阵发性咳嗽，特别是在早晚运动后或遇冷空气刺激时尤为剧烈，鼻孔流出脓性黏稠分泌物，严重病例呈现呼吸困难；有的病猪发生呕吐和腹泻，在胸下、四肢和眼睑部出现浮肿。

4. 治疗措施　用于本病的治疗药物，均有程度不同的毒副作用，一般情况下，随着药量的增多毒副作用增大。因此，用药时一定要注意用量。

（1）驱虫净（四咪唑）　按每千克体重 20~25mg，口服或拌入少量饲料中喂服，或按照每千克体重 10~15mg 肌内注射。本药对各期幼虫均有很好的疗效，但有些猪于服药后 10~30min 出现咳嗽、呕吐、哆嗦和兴奋不安等中毒反应；感染严重时中毒反应较大，通常 1~1.5h 后自动消失。

（2）左旋咪唑　本药对 15 日龄幼虫和成虫均有 100% 的驱虫效果，按每千克体重 8mg 投入饮水或拌入饲料中服用，或每千克体重 15mg 肌内注射。

5. 预防措施　预防主要是防止蚯蚓进入猪场，尤其是运动场，同时做好定期消毒等工作。

（1）常规预防　蚯蚓主要生活在疏松多腐殖质的土壤中，因此在猪场内创造无蚯蚓的条件是杜绝本病的主要措施。

（2）紧急预防　发生本病时，应立即隔离病猪，在治疗病猪的同时对猪群进行药物预防，并对环境彻底消毒；流行区的猪群，春、秋季可用左旋咪唑（每千克体重 8mg，混入饲料或饮水中给药）各进行一次预防性驱虫；按时清除粪便，进行堆肥发酵；定期用 1% 氢氧化钠溶液或 30% 草木灰水淋湿猪的运动场地，既能杀灭虫卵，又能促使蚯蚓爬出以便杀灭它们。

六、肾虫病

猪肾虫病又称冠尾线虫病，猪肾虫成虫寄生在肾周围脂肪、肾盂和输尿管壁上形成的囊内，移行过程中通过肝脏，虫体可以出现于肺及其他组织中。该病在我国南方各地较为普遍。但现在由于养猪条件的改善，猪肾虫病的发病率已逐年降低。

1. 病原　猪肾虫（有齿冠尾线虫）虫体较粗大，两端尖细，体壁厚。活的虫体呈浅灰褐色。雄虫长 21~33mm，雌虫长 24~52mm。虫卵为椭圆形，较大，肉眼可见。成虫在结缔组织形成的包囊中产卵，卵随尿液排到外界，在适宜的温度下（28℃）经16～21h孵出第一期幼虫，第3天发育为有感染性的幼虫。幼虫经口感染后进入胃，穿过胃壁，进入血管，随血流入门脉而进入肝脏。经皮肤感染的幼虫，随血流进入右心，经肺、左心、主动脉、肝动脉而达肝脏。感染幼虫在肝脏里生活2个月后蜕皮变为第五期幼虫。约在感染后3个月，经体腔向肾区移行。最后到达肾周围脂肪、肾盂和输尿管壁组织发育为成虫，需128～278d。

2. 临床症状　幼虫对肝脏组织的破坏相当严重（第四期、第五期幼虫的大小已经接近于成虫，虫体数量多时对猪造成的机械性损伤相当严重），能引起肝出血、肝硬化和肝脓肿。病猪临床表现为消瘦、生长发育停滞和腹水等。当幼虫误入腰肌或脊髓时，腰部神经受到损害，病猪可出现后肢步态僵硬、跛行、腰背部软弱无力，以至后躯麻痹等症状。

3. 防治措施　丙硫苯咪唑对猪肾虫有良好的驱虫效果。每千克体重20mg，拌入饲料中喂服。左旋咪唑每千克体重5～7mg，一次肌内注射，驱虫效果可达58.3%～87.1%，并能抑制肾虫排卵77～105d。加强检疫，防止购进病猪；发现病猪立即隔离治疗。

七、疥螨病

猪疥螨病俗称癞、疥癣，是一种由疥螨科疥螨属的疥螨寄生在猪表皮内而引起的慢性寄生性皮肤病。病猪剧痒、湿疹性皮炎、脱毛，患部逐渐向周围扩展，具有高度传染性。由于病猪体表摩擦，皮肤肥厚粗糙且脱毛，因此在脸、耳、肩、腹等处形成外伤、出血、血液凝固形成痂皮，对猪的危害极大。

1. 病原　疥螨（穿孔疥虫）寄生在猪皮肤深层由其挖凿的隧道内。虫体很小，肉眼不易看见，大小为0.2～0.5mm，呈淡黄色龟状，背面隆起，腹面扁平，腹面有4对短粗的圆锥形肢，虫体前端有一钝圆形口器。疥螨的口器为咀嚼型，在宿主表皮挖凿隧道，以皮肤组织和渗出的淋巴液为食，在隧道内发育和繁殖。疥螨全部发育过程都在宿主体内度过，包括卵、幼虫、若虫、成虫4个阶段，离开宿主体后一般仅能存活3周左右。

2. 流行特点　各种年龄的猪均可感染该病。主要是病猪与健康猪直接接触，或通过被螨及其卵污染的圈舍、垫草和饲养管理用具间接接触等而引起感染。幼猪有挤压成堆躺卧的习惯，这是造成该病迅速传播的重要原因。此外，

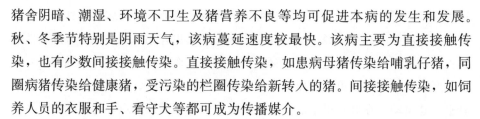

猪舍阴暗、潮湿、环境不卫生及猪营养不良等均可促进本病的发生和发展。秋、冬季节特别是阴雨天气，该病蔓延速度较最快。该病主要为直接接触传染，也有少数间接接触传染。直接接触传染，如患病母猪传染给哺乳仔猪，同圈病猪传染给健康猪，受污染的栏圈传染给新转入的猪。间接接触传染，如饲养人员的衣服和手、看守犬等都可成为传播媒介。

3. 临床症状　幼猪多发。病初从眼周、颊部和耳根开始，以后蔓延到背部、体侧和股内侧。主要临床表现为剧烈瘙痒、不安、消瘦，病猪到处摩擦或以肢蹄搔擦患部，甚至将患部擦破出血，以致患部脱毛、结痂，皮肤肥厚，形成皱褶和龟裂，发育不良。

4. 防控措施　在流行地区控制本病除定期有计划地进行药物预防外，还要加强饲养管理，保持圈舍干燥清洁，并定期对猪舍、地面、墙壁、周围环境、栏舍周围杂草和用具等进行彻底消毒（10%～20%石灰乳）。同时，注意对粪便和排泄物等采用堆积发酵以杀灭虫体。发现病猪后立即隔离治疗。

（1）口服或注射药物　伊维菌素或阿维菌素类药物，按有效成分每千克体重 0.2～0.3mg，严重病猪间隔 7～10d 重复用药一次。国内生产的此类药物有多种商品名，剂型有粉剂、片剂和针剂等。可以选用 1%伊维菌素注射液或 1%多拉菌素注射液，按每 10kg 体重 0.3 mL 皮下注射。

（2）药浴或喷洒疗法　20%杀灭菊酯乳油按 1∶300 倍稀释，全身药浴或喷雾治疗，连续喷 7～10d。并用该药液喷洒圈舍地面、猪栏及附近地面、墙壁，以消灭散落的虫体。因为药物不能杀灭虫卵，在药浴或喷雾治疗 7～10 d 后，应以相同的方法进行第 2 次治疗，以消灭新孵化出的螨虫。

八、姜片吸虫病

姜片吸虫病是我国南部和中部常见的一种人兽共患寄生虫病。本病对人和猪的健康有明显的损害，可以引起贫血、腹痛、腹泻等症状，甚至引起死亡。

1. 病原　布氏姜片吸虫寄生于人和猪的小肠内，以十二指肠最多。虫体背腹扁平，前端稍尖，后端钝圆，肥厚宽大，很像斜切下的生姜片，故称姜片吸虫。新鲜虫体呈肉红色，大小常因肌肉伸缩而变化很大。姜片吸虫在小肠内产出的虫卵随粪便排出体外，落入水中孵出毛蚴；毛蚴钻入中间宿主——扁卷螺体内发育繁殖，经过胞蚴、母雷蚴、子雷蚴各个阶段，最后形成大量尾蚴并由螺体逸出。尾蚴附着在水生植物（如水浮莲、水葫芦、茭白、菱角、荸荠等）上脱去尾部，分泌黏液并形成囊壁，尾蚴居其内，形成灰白色、针尖大小的囊蚴。

2. 流行特点　猪生食带有囊蚴的植物而遭受感染。囊蚴进入猪的消化道后，囊壁被消化溶解，幼虫吸附在小肠黏膜上生长发育，约经 3 个月发育为成虫。虫体在猪体内的寿命为 9～13 个月。

3. 临床症状　病猪精神沉郁，低头弓背，消瘦，贫血，水肿（眼部、腹部较明显），食欲减退，腹泻，粪便带有黏液。幼猪发育受阻，增重缓慢。

4. 防治措施　预防原则包括加强粪便管理，防止人、猪粪便通过各种途径污染水体，不用可能被囊蚴污染的青饲料喂猪。在流行地区开展人和猪的姜片吸虫病普查普治工作，如有可能适时采取杀灭扁卷螺的措施。吡喹酮每千克体重 30～50mg，拌料一次喂服。

第八章
大河猪养殖场建设与环境控制

第一节　大河猪养猪场选址与建设

一、场址选择

（一）地形地势

地形开阔，有足够的面积，一般按能繁母猪每头 $70\sim100m^2$、商品猪每头 $5\sim6m^2$ 考虑。地面要平坦而稍有缓坡，一般坡度以 $3\%\sim5\%$ 为宜，以利于排水，坡度最大不超过 25%。

地势高燥，背风向阳，地下水位应在 2m 以下。不宜建于山坳和谷地，尤其要避开西北方向的山口，以减少冬、春季风雪侵袭。

（二）水源水质

猪场水源要水量充足，水质良好（符合饮用水卫生标准），便于取用和进行卫生防护。水源水量必须能满足场内生活用水、猪只饮用水（种公猪 25L/d，成年母猪 25L/d，哺乳母猪 60L/d，断奶仔猪 5L/d，生长育肥猪 15L/d），饲养管理用水（如清洗调制饲料、冲洗猪舍和清洗机具等）的要求。

（三）土壤和土质选择

在可能的情况下，猪场一般选择沙壤土。因为沙壤土透水、透气性强，易渗水，既可避免雨后泥泞潮湿，又不利于病原微生物的生存和繁殖。另外，沙壤土的导热性弱，温度稳定，有利于土壤自净及猪的健康和卫生防疫。

（四）供电和交通

猪场选址应靠近输电线路（但不能很近），以保证有足够的电力供应，减少供电投资。

猪场应选在交通便利的地方，但出于防疫需要和对周围环境的影响考虑，又不可太靠近公路、铁路等重要干线。最好距离主要干道500m以上，距离铁路及一、二级公路不应少于300m，距离三级公路不少于150m，距离四级公路不少于100m（对有围墙的可适当缩短）。

（五）周围环境

猪场选址必须遵守社会公共卫生和兽医卫生准则，使其不成为周围环境的污染源，尤其要避开可能列入当地城镇规划的区域，以免日后搬迁重建，造成不必要的经济损失。另外，也应注意不要受周围环境的污染。要建在居民区的下风处，地势要低于居民区，但要避开居民区的排污口和排污道。最好距离生活饮用水水源地、动物饲养场、养殖小区、种畜禽场和城镇居民区等区域1 000m以上，距离动物无害化处理场所、动物屠宰加工场所、集贸市场、动物诊疗场所3 000m以上。如果有围墙、河流、林带等作为屏障，则距离可以适当缩短。禁止在旅游区及工业污染严重的地区建场。

二、场区布局

猪场通常分为4个区：生活区、生产管理区、生产区和隔离区，各区的顺序应根据当地全年主风向和猪场场址地势来安排。另外，场区道路绿化及供排系统均要预先考虑和规划。

（一）生活区

生活区包括食堂、宿舍、文娱场所和运动场所等，这是管理人员和家属日常生活的地方，应单独设立，一般设在生产区的上风向（偏风向）或地势较高的地方。

（二）生产管理区

生产管理区包括猪场生产管理必需的附属建筑物，如办公室、接待室、财务室、会议室、技术室、化验分析室、饲料加工车间、饲料贮存库、修理车间、变电所、水泵房、锅炉房等。因为它们和猪的日常饲养工作密切相关，所以应距离生产区不宜太远。在地势上，管理区应高于生产区，并在其上风向或者偏风向。

（三）生产区

生产区包括各类猪舍和生产设施，是猪场的主要建筑区，建筑面积一般占全场总建筑面积的70%～80%。

根据不同年龄、猪群类别的特定生理及其对环境的要求，生产区可有配种舍、妊娠舍、分娩舍、保育舍和生长育肥舍，布局时应考虑有利于防疫、方便管理和节约用地的要求。种猪舍要求与其他猪舍隔开，形成种猪区。种猪区应设在人流较少和猪场的上风向或偏风向，种公猪种猪要在上风向，防止母猪的气味对公猪形成不良刺激，同时可以利用种公猪的气味刺激母猪发情。分娩舍既要靠近妊娠舍，又要接近保育舍。保育舍和生长育肥舍应设在下风向或偏风向，两区之间最好保持一定距离或采取一定的隔离防疫措施，生长育肥猪应离出猪台较近。在设计时，使猪舍方向与当地夏季主导风向成30°～60°角，使每排猪舍在夏季都能得到最佳的通风条件。

（四）隔离区

包括兽医室、隔离猪舍、尸体剖检室、病死猪处理间等，应设在整个猪场的下风向、地势较低的地方。兽医室可靠近生产区，病猪隔离间等其他设施应远离生产区。

（五）绿化

绿化不仅美化环境、净化空气，也可以防暑，改善猪场的小气候；同时，还可以减弱噪声，促进安全生产，从而提高经济效益。因此，在考虑猪场的总体布局时，也要考虑和安排绿化，以使绿化面积不低于猪场总面积的50%。

（六）道路

场区内要净、污分道，互不交叉，出入口分开。净道用于运送饲料，污道用于拉运粪便等污物。公共道路分为主干道和一般道路，各功能区之间的道路连通形成环路，主干道连通场外道路，宽4m，其他道路宽3m。路面以混凝土或沙石路面为主，转弯半径不小于9m。场区内道路纵坡一般控制在2.5%以内。

（七）排水

场区地势宜有1%～3%的坡度，路旁设排水沟，雨水采用明沟就近排入场内水沟后排出，从建筑物排出的生产、生活污水用管道输送至场内的污水处理系统（沼气池等），经处理达到国家规定的标准后排放。

（八）水塔

自建水塔是清洁饮水能够正常供应的保证，位置选择要与水源条件相适应，且应安排在猪场的最高处。若使用地下水，则猪场所用水井应建在远离猪舍200～500m以外的地方，其水源深度应在30m以下，不能用地表水或池塘水。水塔或水箱要有1周左右的用水储存量，要方便水质净化处理，并定期添加消毒剂消毒净化水质。

三、猪场建筑物布局

猪场建筑物布局要根据所选场址的地形地势、风向、生产工艺及功能分区，合理安排各种建筑物的位置、朝向和间距。

（一）猪场功能区布局

猪场布局要考虑各种建筑物间的功能关系、卫生防疫、通风、采光和节约用地等。根据场地条件和规划要求，各功能区尽量集中排列，并按地势高低和主风向依次设置生活区、生产管理区、生产区和隔离区（图8-1）。

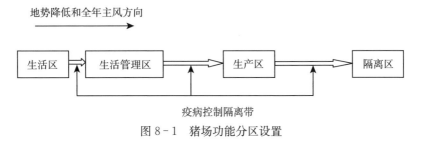

图8-1　猪场功能分区设置

（二）猪舍排列和平面布置

1. 猪舍排列　按照母猪养殖的工艺流程依次划分为配种、妊娠、分娩和哺乳、断奶仔猪保育、生长育肥猪饲养等几个生产阶段，并按生产过程划定相应专用区域和配置专用猪舍。根据配种、转群和防疫要求，应将公猪舍、空怀及怀孕母猪舍、分娩猪舍、仔猪保育舍、生长育肥猪舍按地势高低和风向上下的顺序布局（图8-2）。

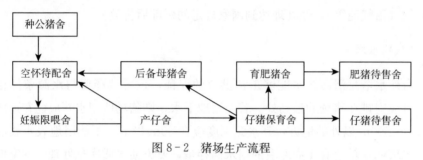

图8-2　猪场生产流程

2. 猪舍平面布置　猪舍的平面布置可根据地形地势，在主要考虑土地利用率和避免场区净污道交叉的基础上灵活采用单列式布置、双列式布置和多列式布置。

（1）单列式布置　指不同幢猪舍呈多排单列的形式排列（图8-3），这种布置能使场区的净道、污道严格分开，但场区道路和猪舍配套管网会较长，只适用于小规模养殖或场地受限时采用。

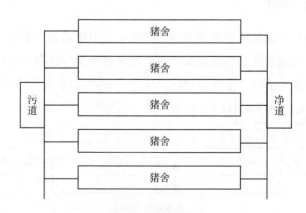

图8-3　单列式猪舍

（2）双列式布置 指猪舍按多排双列形式布置（图 8-4），这种布置形式既能保证场区的净道、污道严格分开，又能缩短道路及猪舍配套管网的长度，是很多猪场较常使用的一种形式。

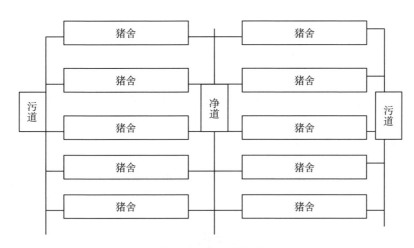

图 8-4 双列式猪舍

（3）多列式布置 猪舍以三列以上形式排列（图 8-5），主要在一些大型猪场使用。但这种排列形式很容易造成场区的净道、污道交叉，在布局时一定要尽量降低道路交叉给卫生防疫工作增加的难度。

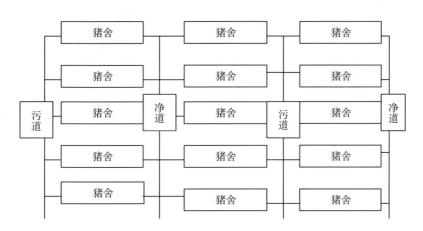

图 8-5 多列式猪舍

（三）猪舍的朝向和间距

确定猪舍朝向主要考虑采光、通风效果，尤其注意防暑和保温效果，一定要根据具体情况灵活确定。猪舍间距离以能满足光照、通风卫生防疫的要求为原则，根据我国《规模猪场建设》标准规定的猪舍间距（两排猪舍间距应大于8m，左右间距应大于5m）进行合理设置。

第二节　大河猪猪场建筑的基本原则

一、猪舍的基本结构和设计

猪舍的主要结构包括基础、墙体、屋顶、地面、门和窗及内外装饰（图8-6）。

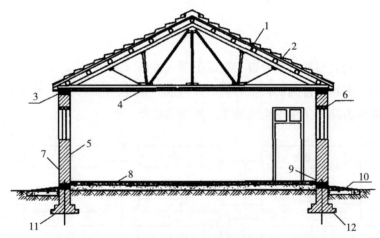

图 8-6　猪舍的主要结构

1. 屋架　2. 屋面　3. 圈梁　4. 吊顶　5. 墙裙　6. 钢筋砖过梁　7. 勒角
8. 地面　9. 踢脚　10. 散水　11. 地基　12. 基础

（一）基础

基础是指猪舍的地下部分，也就是墙或柱没入土层的部分。基础下面承受荷载的那部分土层就是地基。基础和地基共同保证猪舍的坚固、防潮、防震、抗冻和安全。在猪舍建筑中，要尽量选择条件良好的天然地基。如果是在特殊性土壤上建造猪舍，则必须做好地质勘察工作，针对具体情况做好地基的处理。

1. 基础的埋置深度 从猪舍外地面到基础底面的距离称为基础的埋置深度。在满足地基稳定和变形要求的前提下，基础埋得浅些可节约开挖土方的工程量，比较经济。但地表有一层松散的耕植土，不宜作地基，地基应落在老土层上。因此，除岩石地基外，基础埋深不宜小于0.5 m。

2. 基础构造 猪舍基础构造有砖基础、毛石基础、混凝土基础和钢筋混凝土基础等几种类型。

（1）砖基础 砖基础是用砖和水泥砂浆砌筑而成的，一般用于荷载不大、基础宽度小、土质好及地下水位较低的地基上。由于砖的防潮性差，故砖基础要采用标号高的砖和砂浆，并且要在基础底部做防潮层。

砖基础通常有两种砌法，一种是每砌两皮砖两边各收进1/4砖长（60 mm），称为等高式砌法，即等高式基础（图8-7a）。另一种是先砌两皮砖，两边各收进1/4砖长，再砌一皮砖，两边各收进1/4砖长，如此循环进行，称不等高式砌法，即不等高式基础（图8-7b）。

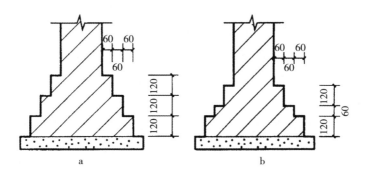

图8-7 等高式基础（a）与不等高式基础（b）（mm）

（2）毛石基础 如图8-8所示，毛石基础一般是用不规则的石块和不低于M5的水泥砂浆砌筑而成，具有抗压强度高、耐久性好和不吸水等优点。但石块的抗拉性差，开采费工，同时自重较大，运输难度相对较大，在选用时要予以考虑。

砌筑时先从转角处开始，转角处的外皮和洞口要选用较大、较方正的石块。砌筑毛石基础的第一皮石块应坐浆，并将大面向下。分层砌筑时最好保持在300 mm左右，毛石基础的每阶伸出宽度不宜大于200 mm，砌筑时应力求"丁"字交错排列，层与层之间的纵横基础交接处都应交叉选砌，以增强墙体

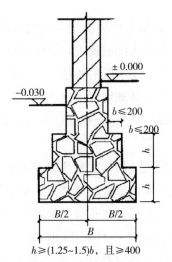

$h \geqslant (1.25\sim1.5)b$，且 $\geqslant 400$

图 8-8 毛石基础断面图（mm）

注：B 指大放脚基础墙最底部的宽度，$B/2$ 指大放脚基础墙最底部的半宽（从中间的定位轴线开始算）；b 指大放脚基础墙台阶缩进（从下往上看）或加宽（从上往下看）的宽度，$b \leqslant 200$；h 指大放脚基础墙每一个台阶的高度，要求 $h \geqslant (1.25\sim1.5)b$，且 $\geqslant 400$mm。

的整体性。要防止"填心"的砌法，以保证砌体质量。

（3）混凝土基础　基础下面的垫层或大放脚的一部分采用 C10 或 C15 的混凝土浇筑（厚度一般不小于 100 mm）者称混凝土基础（图 8-9）。在有防水要求的情况下，基础垫层的混凝土最低标号不得低于 C15。混凝土基础具有坚固、耐久、不怕水、刚性大等优点，但造价高。为了节约水泥，可在混凝土中加入 20%～30% 未风化的毛石，这样浇筑的基础就称为毛石混凝土基础，一般厚度 200 mm，断面做成矩形；为节省用料，也可做成台阶和简单的梯形，但厚度不宜小于 300 mm。

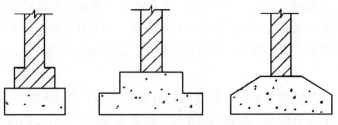

图 8-9 混凝土基础断面图

（4）钢筋混凝土基础　钢筋混凝土基础（图 8-10）常用于多层猪舍或地

基承载力较差的地面。在做法上先在基础底部用低标号（C10）混凝土做厚度不小于 70 mm 的垫层，然后把受力钢筋和分布钢筋扎成网片放在垫层上，并用垫块垫起，使钢筋不直接与垫层接触，再浇筑混凝土。这样钢筋就被混凝土紧密包裹，即可防潮。钢筋混凝土基础强度大，但造价相对要高一些。

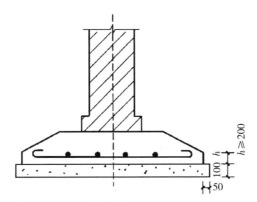

图 8-10　钢筋混凝土基础的断面图（mm）

注：底部垫层比钢筋混凝土基础左右两侧均超出 50mm，垫层厚度 100 mm；h 指六边形断面垂直部分的高度，要求大于 200mm 以上。

（二）墙体

墙体是猪舍的主要组成部分，起着承重、围护和分隔的作用。此外，墙体对猪舍内温湿度的保持也起着非常重要的作用（据测定，冬季通过墙体散失的热量占整个猪舍总失热量的 35％～40％）。因此，猪舍墙体要隔热、保温、坚固、抗震、耐水、防火、抗冻、结构简单，便于清扫和消毒。墙体材料有砖墙、土坯墙、石墙、砌块墙、复合墙等，目前规模化猪场的墙体常采用砖墙和砌块墙。

1. 砖墙　普通黏土砖的规格为 240 mm×115 mm×53 mm，与灰缝（10 mm）组成了砖墙砌体的尺寸基础。实心砖墙的厚度有半砖墙、3/4 砖墙、一砖墙、一砖半墙和两砖墙，厚度相应为 120 mm、180 mm、240 mm、370 mm 和490 mm，在建筑工程上分别称为 12 墙、18 墙、24 墙、37 墙和 49 墙。表 8-1 列出了砖墙厚度及与之相应的习惯称呼。墙厚应根据承重和保温隔热的要求计算确定，保温隔热要求较高时可做空心间层，也可在墙内或墙外加保温层。

砖墙长度最好是半砖长（115＋10＝125 mm）的倍数，这样可减少砍砖，

对不超过 1m 的短墙更是如此。

表 8-1　砖墙厚度和习惯称谓

工程称谓	12墙	18墙	24墙	37墙	49墙
习惯称谓	半砖墙	3/4 砖墙	一砖墙	一砖半墙	两砖墙
尺寸组成（mm）	115×1	115×1+53+10	115×2+10	115+240+10	240×2+10
实际尺寸（mm）	115	178	240	365	490

2. 砌块墙　近年来，各地广泛采用混凝土、加气混凝土、粉泥灰、煤矸石、石渣等各种工业原料制成砌块代替黏土砖作为墙体材料，具有强度高、保温性能好、便于施工等优点，是墙体改革的一个发展方向。

（三）地面

地面是猪只活动、采食、躺卧、排粪、排尿的地方，要保温、坚实、不透水、平整、不光滑、便于清扫和耐清洗消毒。为了保持猪舍地面干燥清洁，地面应以走道为基线向粪尿沟有 3%～4% 的倾斜坡度。地面材料有混凝土、灰土、砖铺、水磨石和地砖等。目前，规模化猪场大多采用混凝土地面和漏缝地面。

1. 混凝土地面　当地基土干燥且承载力较大时，可直接把土夯实作为基层，用卵石或灰土作为垫层，C20 混凝土随打随抹，上用 1∶1 水泥沙子压实抹光即可。有车辆行驶的地面选用混凝土地面做法时，需采用 C25 混凝土，其厚度根据车辆荷载确定。混凝土地面能承受较大荷载，养殖场用得较多。其耐磨性及耐久性都较好，不透水、易清扫，但保温性能较差。为了克服混凝土地面传热快的缺点，可在下层用孔隙较大的材料（如炉灰渣、膨胀珍珠岩、空心砖等）来增强地面的保温性。或者直接在猪床上铺设橡皮、塑料、垫草、木板等厩垫，以改善地面状况。

采用混凝土地面的猪舍内粪尿沟一般设计为方形，宽度为 350～400 mm，沟最浅处为 200 mm 左右，坡度为 1.5%～3.0%，粪沟内设沉淀池，上盖水泥盖板或铁箅子。

如图 8-11 所示，粪沟可以采用砖砌体内壁抹防水砂浆或混凝土沟壁的做法。

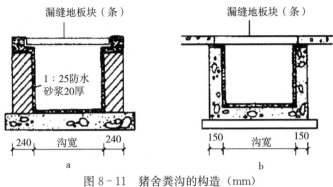

图 8-11　猪舍粪沟的构造（mm）

a. 砖砌体内壁抹防水砂浆；b. 混凝土沟壁

2. 漏缝地面　漏缝地面由漏缝地板（条）和地下粪沟两部分组成。猪只排出的粪尿和生产用污水能自由落入粪沟中，可大大节省人力，提高劳动生产率，同时也有利于猪舍内卫生条件和防疫条件的改善。为了提高猪舍的保温性能，除漏缝地板以外的部分都应做保温地面。漏缝地板下粪沟的尺寸由漏缝地板的长宽决定。全部漏缝（图 8-12a）时，粪沟较宽；部分漏缝（图 8-12b）时，粪沟较窄，粪沟最浅处 600 mm，沟底宜设有 1％～2％ 的坡度，通往舍外的沟口处做防风闸门，防止外界向猪舍内倒灌风。漏缝地板的种类很多，有块状、条状和网格状等，使用的材料有水泥、金属、塑料、玻璃钢和陶瓷等。

图 8-12　猪舍的全部漏缝地板（a）和部分漏缝地板（b）

按照《规模猪场建设》（GB/T 17824.1—2008）的建议，哺乳母猪舍、哺乳仔猪舍和保育仔猪舍宜采用质地良好的金属丝编织地板，各种类型猪舍的漏缝地板间隙宽度应不大于猪蹄表面积的 50％。不同猪栏漏缝地板的间隙宽度分别为：分娩舍 10 mm、保育猪舍 15 mm，生长育肥猪舍和成年种猪舍均为 20～25 mm。

（1）水泥漏缝地板　水泥漏缝地板采用钢筋混凝土浇筑而成，使用时直接铺在粪沟上即可，其规格尺寸根据猪栏的规格来定（一般长度为 1.0～1.6 m）。为了提高漏粪率，水泥漏缝地板和地板条的横截面应做成倒梯形，板条宽度与缝隙宽度的适宜比例应为（3～8）∶1；且表面要平整，不得有蜂窝状的疏松结构，以防止积存粪尿。

水泥漏缝地板的优点是造价低廉，且可以由猪场自行制造。但由于水泥的导热系数较大、保温性能差，因而不太适合于分娩猪舍和保育猪舍，在成年猪舍中使用最为广泛。此外，与其他漏缝地板相比，水泥漏缝地板的漏粪率较低，仅为 15％～20％。

（2）钢筋编织网漏缝地板　钢筋编织网漏缝地板是用直径为 4～5 mm 的钢丝编织成的网眼规格不同的网片，表面镀锌或镀塑。这种漏缝地板的漏粪效果好（漏粪率为 37％～59％），适用于各类猪群。但容易被腐蚀，猪的舒适度较差，使用寿命一般为 6～8 年。

（3）铸铁漏缝地板　铸铁漏缝地板用铸铁焊接而成，可直接铺设在粪沟上，具有耐腐蚀、不变形、承载能力强、可耐火焰消毒器消毒等优点，适用于各类猪群，规格可根据需要而定。使用寿命可长达 20 年以上，但造价相对较高。

（4）塑料漏缝地板　塑料漏缝地板是用高压聚乙烯和聚丙烯为主要原料一次性铸压而成，漏粪率为 40％左右，条宽 2.5 cm、缝宽 1～2 cm。这种漏缝地板表面平整，并设有防滑花纹，不会对猪蹄和皮肤造成伤害，可小块拼装组合，使用方便、耐腐蚀、易于清洗消毒、导热系数小、保温性能好，使用寿命可长达 10 年左右，是一种较为理想的漏缝地板。

（四）屋顶

屋顶位于猪舍的最上层，由屋面和承重结构组成，起到承重、保温、隔热及防风、防霜、防雨、防雪和太阳辐射等作用。屋顶的形式有多种，在猪舍建筑中，主要有坡式屋顶、平屋顶和拱形屋顶等形式。

1. 坡式屋顶　当猪舍屋顶的坡度大于 10％时，即称为坡式屋顶。坡式屋顶常用屋架承重，用瓦防水，在屋架下吊顶，或在瓦下面设保温层以解决保温及隔热问题。坡式屋顶的建造施工简便，易于保养，防水问题易于得到解决，常见的有单坡式、双坡式、联合式、钟楼式、半钟楼式等形式。

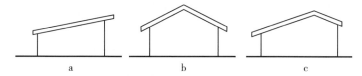

图 8-13　单坡式屋顶（a）、双坡式屋顶（b）和联合式屋顶（c）

（资料来源：李明丽和鲁绍雄，2012）

（1）单坡式屋顶　如图 8-13a 所示，猪舍的屋顶由一面坡构成，跨度较小、构成简单、排水顺畅、通风采光良好、造价低，但冬季保温性能差。

（2）双坡式屋顶　如图 8-13b 所示，猪舍的屋顶由两个相等的坡面构成，又称"人"字式或等坡式。其优点与单坡式屋顶基本相同，但较单坡式屋顶的保温性能好，造价略高。适用于各种规模的猪舍，目前我国大部分猪舍建筑都采用这种形式的屋顶。

（3）联合式屋顶　如图 8-13c 所示，猪舍的屋顶由两个不相等的坡面构成，故而又称不等坡式屋顶。其基本优点与等坡式屋顶相同，适用于跨度较小的猪舍，多为一些小型的养猪场采用。

（4）钟楼式屋顶和半钟楼式屋顶　这种屋顶是在双坡式屋顶上增设双侧或单侧天窗，以增强猪舍的通风和采光效果。设置双侧天窗者为钟楼式屋顶（图 8-14a），设置单侧天窗者为半钟楼式屋顶（图 8-14b）。

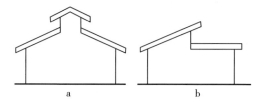

图 8-14　钟楼式屋顶（a）和半钟楼式屋顶（b）

2. 平屋顶　是指屋面坡度小于 10% 的屋顶（图 8-15a）。这种屋顶一般采用钢筋混凝土现浇板或预制板。其优点是构造简单，适用于不同形状和大小的平面，可充分利用屋顶平台，保温防水可一体完成，不需要再设天棚。但由于屋顶坡度小，排水缓慢，故屋面的积水多，处理不好容易产生渗漏现象。因此，在猪舍建设时，对平屋顶的排水与防水处理要格外予以重视。

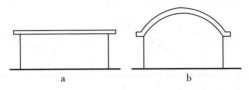

图 8-15 平屋顶（a）与拱形屋顶（b）

3. 拱形屋顶 拱形屋顶（图 8-15b）的结构材料通常采用轻型钢材，可预制，能快速装配，施工速度快，还可以迁移。其优点是造价低，但屋顶保温性能差。

（五）门和窗

门和窗属于房屋围护结构的两个重要构件，是猪舍的重要组成部分，对猪舍的立面装饰也起着很大的作用。在不同的情况下，门和窗具有分隔、保温、隔热、隔声、防火、防水、防尘及防盗等作用。

1. 门 门一般高 2.0～2.4 m、宽 1.2～1.5 m，门外设坡道，外门的设置应避开当地冬季主导风向。

2. 窗户 猪舍的窗户主要起采光、通风等作用，其大小、数量、形状和位置应根据当地气候条件合理设计。一般猪舍，尤其是封闭式猪舍都应开窗，窗台距舍内地面高 1.1～1.3 m，窗顶距屋檐 0.4 m。

（1）主要类型 根据其使用的材料不同可分为木窗、钢窗、铝合金窗、塑钢窗、玻璃钢窗和彩板窗等。因木窗和钢窗现已很少使用，这里不作介绍。

①铝合金窗 铝合金窗具有不锈蚀、造型美观、密封性能好等优点，但保温隔热性能较差。

②塑钢窗 塑钢窗的窗框是以塑料为结构主材、挤压成型后在塑料型材中插入型钢而制成的，具有保温隔热性、密封性、隔声性、耐久性、装饰性均好于木窗、钢窗及铝合金窗的优点，但其造价相对较高。

③玻璃钢窗 玻璃钢窗以合成树脂为基材、以玻璃纤维为增质材料，经一定成型加工工艺制作而成。与木窗、钢窗相比，玻璃钢窗具有耐腐蚀、质轻、强度高、绝缘、耐久、耐热、抗冻、成型简单等优点，但其造价较高。

④彩板窗 彩板窗是以彩色镀锌板和平板玻璃或中空玻璃为主要原料，经机械加工而制成、具有强度高，保温性、隔热性、隔声性、密封性能好及造型

美观、款式新颖、耐腐蚀等优点，但其造价较高。

（2）窗户设置　猪舍的窗户面积应根据当地气候及采光面积与猪舍地面面积之比（即采光系数）来确定。一般种猪舍的采光系数为 1：（10～12），生长育肥猪舍的采光系数为 1：（12～15）。为使猪舍采光均匀，在窗户面积一定时可通过增加窗户数量来减少窗户间距，从而提高猪舍内光照的均匀度。

二、猪舍的建筑类型及其特点

按照猪舍建筑外围护结构的特点，可将猪舍的建筑形式分为开放式、半开放式和密闭式三种基本类型；而按照猪栏排列形式的不同，则可分为单列式、双列式和多列式猪舍。

（一）开放式、半开放式和密闭式猪舍

1. 开放式猪舍　开放式猪舍（图 8-16）通常有两种基本形式：一种是东、西、北三面有墙，南面无墙而全部敞开，用运动场的围墙关拦猪群。另一种则是猪舍四周无任何墙体，只有屋顶和地面，外加一些栅栏式围栏或拴系设施。开放式猪舍的特点是造价低，能保证充足的阳光和新鲜的空气，同时猪能自由地到运动场活动，但舍内昼夜温差较大，保温防暑性能差，尤其是在冬季防寒能力更差。因此，一般只在炎热地区采用或作为炎热季节临时装配的简易猪舍。

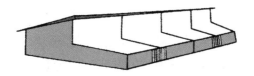

图 8-16　开放式猪舍示意图

2. 半开放式猪舍　半开放式猪舍有完整的屋顶，东、西、北三面为完整墙体，南面下半部为半截墙，上半部完全开敞（图 8-17）。这种猪舍的采光、通风良好，其使用效果与开放式猪舍接近，但对冷风有一定的阻挡作用，保温性能要稍好一些，舍内环境受外界影响较大，适合在炎热地区使用。半开放式猪舍在冬季钉上塑料布或挂草帘可明显提高其保温性能。

图 8-17 半开放式猪舍示意图

3. 密闭式猪舍 按照窗户的有无，密闭式猪舍又可分为有窗式密闭猪舍和无窗式密闭猪舍（即全封闭式猪舍）两种。

（1）有窗式密闭猪舍 有窗式密闭猪舍的屋顶和四周墙体完整（图 8-18），通过在墙和屋顶上设置侧窗、天窗或气楼来调节自然通风，窗的大小、数量和结构可根据当地的气候条件进行确定。在气候寒冷的地区，可适当少设窗户，南窗宜大、北窗宜小，以提高保温效果。为解决夏季猪舍的通风降温问题，可在两端的纵墙上开设地窗，屋顶增设通风管或天窗，还可根据当地气候条件辅以机械通风。

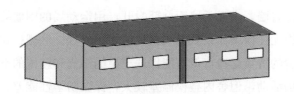

图 8-18 有窗式密闭猪舍立面示意图

（2）无窗式密闭猪舍 无窗式密闭猪舍具有完整的屋顶和墙体，且不设置窗户或仅在墙上设置应急窗（供停电时急用），猪舍与外界自然环境的隔绝程度较高，舍内的通风、光照和采暖等环境条件完全靠人工设备进行调控，可采用机械通风、自动控温、人工照明等工程手段，创造适合猪群生长和生产的舍内小气候环境，能够充分发挥猪的生产潜力，提高猪场的劳动生产率。但该类猪舍对电的依赖性强，猪舍建筑、设备等投资较大，能耗和设备维修费用高，对建筑标准和生产管理的技术要求也较高，因而目前在我国较少采用，仅有用于少数对环境条件要求较高的分娩母猪舍、仔猪保育舍等。

（二）单列式、双列式和多列式猪舍

1. 单列式猪舍 如图 8-19 所示，单列式猪舍中猪栏一般在舍内南侧排成一列，猪舍内北侧设走道或不设走道，具有通风和采光良好、舍内空气清新、防潮效果好、建筑跨度小等优点。如在北侧设置走道，则更有利于猪舍的保温防寒，且可以在舍外南侧设置运动场。该类型猪舍对建筑的利用率较低，一般中、小型猪场猪舍和大型猪场的公猪舍建筑常采用这种形式。

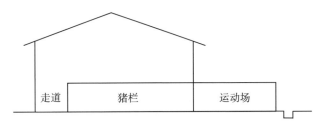

图 8-19　带运动场的单列式猪舍剖面示意图

2. 双列式猪舍　在双列式猪舍中，猪栏在舍内排成两列，中间设一个通道，舍外可设或不设运动场（图 8-20）。这种猪舍的优点在于方便管理，便于实现机械化饲养，猪舍建筑的利用率高；缺点是采光、防潮效果不如单列式猪舍，北侧猪栏比较阴冷。育成猪舍、生长育肥猪舍一般常采用这种形式。

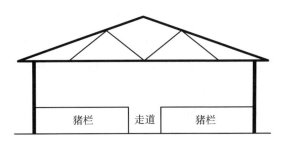

图 8-20　不带运动场的双列式猪舍剖面示意图

3. 多列式猪舍　舍内猪栏排列在三列或三列以上（一般以四列居多）的猪舍即为多列式猪舍（图 8-21 和图 8-22）。多列式猪舍的栏位集中，运输线路短，生产效率高；建筑外围护结构散热面积少，有利于冬季猪舍的保温防寒。但该类型猪舍建筑结构的跨度增大，建筑结构复杂；自然采光不足，自然通风效果较差，容易导致猪舍阴暗潮湿，因此较适合于寒冷地区的大群育成、生长育肥猪的饲养。

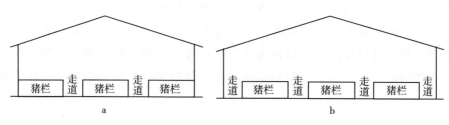

图 8-21　三列式猪舍剖面示意图

a. 三列二走道　b. 三列四走道

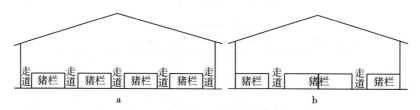

图 8-22　四列式猪舍剖面示意图

a. 四列五走道　b. 四列二走道

三、不同用途猪舍的设计

不同类型和生长发育阶段的猪，由于其对环境条件的要求不同，因而在猪舍的设计上也不一样。在实际生产中，应根据不同类型猪只的生理特点及其对环境条件的要求，合理进行猪舍的设计，以便为各类猪只提供适宜的环境，保证其健康和生长发育，以提高养猪生产的效率和效益。按照用途的不同，可将猪舍分为公猪舍、空怀母猪舍、妊娠母猪舍、分娩母猪舍、仔猪保育舍、生长育肥猪舍等，分别用于饲养不同生长阶段（如保育仔猪、生长猪、育肥猪）和不同生理状态（如空怀母猪、妊娠母猪、哺乳母猪等）的猪群。

（一）公猪舍

公猪舍要围绕有利于维护种公猪肢蹄和生殖健康来设计，要注意：①面积不宜过小，一般以 6～8 m²/栏（长 3～4 m，宽 2.7～3.2 m）为宜，并实行单体饲养，同时配置运动场（图 8-23），以满足公猪的运动需要，其面积与猪栏面积相当。②地面要坚实平整，既不宜过于粗糙（以免磨伤肢蹄），也不宜过于光滑（以免滑倒受伤），最好有 5% 的排水坡度，以沙土地面或水泥地面

为宜。③公猪栏及栏门等设施必须坚固结实，栏高不宜过低（以 1.2～1.4 m
为宜），以防公猪经常爬栏而造成损伤，栏门宽度以 0.8 m 为宜。④为利于防
暑降温，公猪舍通常采用小跨度单列式的开放式或半开放式猪舍，净高较高
为好。

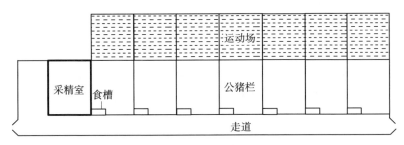

图 8-23　公猪舍平面示意图

　　有的猪场不单独设置公猪舍，只建配种舍或待配舍，并将公猪与待配空怀
母猪饲养在同一幢配种舍中。配种舍内的公猪栏（亦可兼做配种栏）宜设置在
靠近待配母猪的位置。这样设计的优点在于能有利于刺激母猪发情排卵，对于
提高母猪配种率和受胎率具有积极的意义。通常可将公猪栏设置在母猪栏的对
侧、旁边，或在母猪栏中设计几个公猪栏。

（二）空怀母猪舍

　　空怀母猪多以群养为宜。因为群养有利于母猪运动，改善体质并促进其发
情排卵，提高配种受胎率。图 8-24 为群养空怀母猪的一种栏位排列形式，这
种猪栏布置形式的猪舍，也可以作为配种舍（即同时饲养公猪和空怀母猪）。
群养的规模一般为 4～6 头/栏，每头母猪需要的躺卧面积为 1.0 m²。

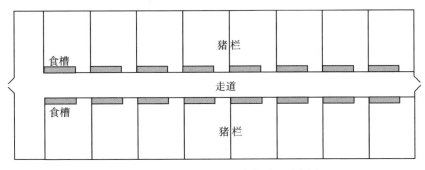

图 8-24　双列式空怀母猪舍平面示意图

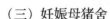
（三）妊娠母猪舍

妊娠母猪可以采取单体栏位饲养（图 8-25），也可以采用大栏小群饲养。单体栏位饲养可以避免母猪打斗或碰撞造成流产，也便于对母猪进行观察和管理。单体栏长 2.1～2.2 m，宽 0.55～0.65 m。但单体栏耗材多、投资大，母猪活动受限制，导致运动量小，容易产生腿部和蹄部疾病。因此，妊娠母猪也可以采用大栏小群饲养，一般每个猪栏面积 7～9 m²，每栏饲养 4～5 头妊娠母猪，每头栏位面积为 1.5～1.8 m²。采用群体栏的猪舍平面布置与空怀母猪舍相同，只是需要在饲槽处加装隔栏，防止母猪抢食争斗。

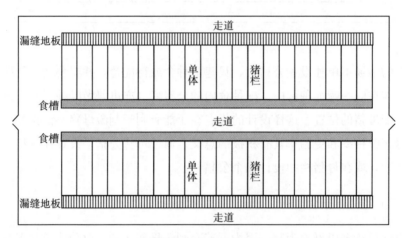

图 8-25　单体栏双列式妊娠母猪舍平面示意图

（四）分娩母猪舍

分娩母猪舍（或产仔哺育舍）同时饲养母猪和哺乳仔猪，两者对环境条件尤其是温度的要求各不相同。哺乳母猪的适宜温度范围较低（18～22℃），而哺乳仔猪的温度要求则较高（28～32℃）。因此，在猪舍的设计及设施设备的配置上，需要同时兼顾母猪和仔猪的环境需求。

图 8-26 所示的分娩母猪舍中，共设计了 6 个单元，每个单元按双列式设置 16 套产床（每套产床饲养 2 头分娩母猪），共饲养 32 头分娩母猪，因而该分娩舍可同时容纳 192 头产仔哺乳母猪。在每个单元内，母猪产床的布置形式见图 8-27 具体设计要求如下：

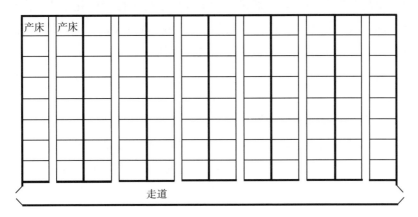

图 8-26 分娩母猪舍平面示意图

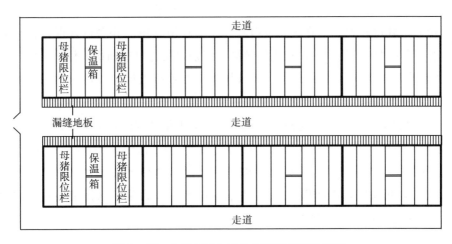

图 8-27 分娩母猪舍单位内猪栏平面示意图

　　一是满足仔猪的保温防寒要求。在分娩栏内可设计仔猪保温箱，适宜尺寸为长 1 m、宽和高各 0.6 m。必要时还应采用局部供暖设备以保证温度达到仔猪的要求，如采用仔猪保温板或在离猪床面 40～50 cm 的高度悬挂功率为150～250 W 的红外线保温灯。对仔猪进行局部采暖可以解决母猪和仔猪环境温度要求不同的矛盾，故分娩母猪舍的设计应充分考虑采暖设备安装和运行的方便。

　　二是防止仔猪受伤或被压死。为防止母猪压死仔猪，应采用防压架或限位栏（可用长 2.1 m、宽 1 m 的高架产床，地面采用铸铁或塑料漏缝地板）。在

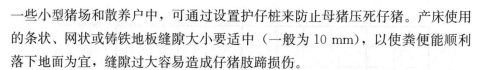

一些小型猪场和散养户中，可通过设置护仔桩来防止母猪压死仔猪。产床使用的条状、网状或铸铁地板缝隙大小要适中（一般为 10 mm），以使粪便能顺利落下地面为宜，缝隙过大容易造成仔猪肢蹄损伤。

三是有利于保持适宜哺乳仔猪生长的环境。针对哺乳仔猪体质弱、抗病力差的特点，在进行分娩母猪舍的设计时，应考虑有利于防止猪舍潮湿，便于清扫和消毒。为保证哺乳仔猪的健康和正常生长发育，分娩母猪舍的猪栏一般采用母猪高床产仔哺乳栏，猪栏采用条状或网状地面，并将产床的床面提高至距地面 50 cm 的位置，以保证圈栏的清洁、干燥。密闭式猪舍，可通过设置风扇等设施及时排出舍内的有害气体，以保持舍内干燥和空气清新。

（五）仔猪保育舍

保育初期的仔猪由于刚刚断奶，消化器官尚未完全发育，加上饲料条件（由依靠母乳过渡到完全吃固体饲料）和生活环境（由分娩舍进入保育舍）的变化，因而对环境条件的要求仍然较高，特别是实行早期断奶的仔猪，保育初期适宜的环境温度为 22～26℃。所以仔猪保育舍应以保温设计为重点，应考虑安装采暖设备，屋顶、墙壁、地面的设计要求达到一定的保温性能，可适当降低猪舍的净高，设置天花板或吊顶等，以减少猪舍内的热量损失。保育舍通常采用群体栏饲养，猪栏按单列或双列式布置。采用分单元的双列式保育舍。每个保育栏（或保育床）最好是饲养同一窝仔猪，即每个保育栏的仔猪头数为 8～12 头，每头仔猪需面积 0.3 m² 左右。图 8 - 28 为单元内仔猪保育栏按双列式布置的平面布局示意图。

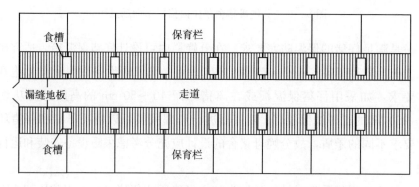

图 8 - 28 仔猪保育舍单元内猪栏平面示意图

（六）生长育肥猪舍

由于生长猪（适宜温度为 20～23℃）和育肥猪（适宜温度为 15～20℃）对环境的适应能力已经比较强（适宜温度为 15～23℃），因而生长猪舍或育肥猪舍可以遵循简单、实用的原则进行设计。生长猪舍与育肥猪舍的内部结构基本相同。猪舍设计虽然也需要考虑防暑和保温，但除了特别严寒的地区外，一般不再安装专门的采暖设备。在猪舍的类型选择上，可根据当地的气候条件，选择密闭式、开放式或半开放式猪舍。猪栏的地面可根据自身实际选择水泥地面或半漏缝水泥地面（图 8 - 29）。

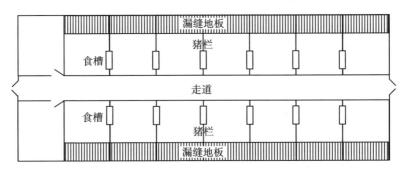

图 8 - 29　双列式单走道半漏缝生长育肥猪舍平面示意图

第三节　大河猪猪场的设施与设备

猪舍设施与设备主要包括猪栏、饲喂系统及设备、清粪系统及设备、防疫设施及设备等。

一、猪栏

猪栏是养猪场的基本生产单元。不同的猪舍，由于所饲养猪只不同及对环境的需求不同，因而需要配置不同的猪栏。

（一）猪栏种类及其特点

在养猪场中，一般采用固定式猪栏进行各类猪群的饲养。按结构形式的不同，可将猪栏分为实体猪栏、栅栏式猪栏和综合式猪栏 3 种类型。

1. 实体猪栏　实体猪栏一般采用砖砌结构（厚 120mm、高 1.0～1.2m），外抹水泥砂浆，或采用钢筋混凝土预制件组装而成。实体猪栏的优点是可以就地取材，建造费用低。缺点是占地面积大，不便于观察猪只的活动，且容易形成通风死角，通风效果不理想。实体猪栏适合于小型养猪场和农村专业养殖户，而大、中型现代化规模养猪场则很少采用。

2. 栅栏式猪栏　栅栏式猪栏采用金属型材焊接而成。一般由外框、隔条组成栅栏，再由几片栅栏和栏门组成一个猪栏。其优点是占地面积小（厚度只有 30mm 左右），便于观察猪只活动，通风阻力小、通风效果好。我国大多采用钢材焊接后，再经过喷漆或镀锌处理，以增强其抗腐蚀能力。

3. 综合式猪栏　综合式猪栏是实体与栅栏结合的猪栏形式。通常相邻猪栏间的隔栏用实体，沿饲喂通道面则采用栅栏。综合式猪栏兼具实体猪栏和栅栏式猪栏的优点，既便于观察猪只活动，又节省造价，适合于中、小型猪场采用。

（二）不同饲养阶段的猪栏

按饲喂类别可将猪栏分为公猪栏、配种栏、空怀母猪栏、妊娠母猪栏、分娩母猪栏、仔猪保育栏、生长栏、育肥栏、后备母猪栏等。按照《规模猪场建设》（GB/T 17824.1—2008），规模化猪场的公猪栏、空怀母猪栏、妊娠母猪栏、分娩母猪栏、仔猪保育栏和生长育肥猪栏均为栅栏式猪栏。在实际中，究竟采取何种结构形式的猪栏，应根据猪场自身的生产规模、经济条件等灵活确定。

1. 公猪栏与配种栏　公猪通常是单体饲养，猪栏高度为 1.2m，每栏面积为 9～12m²。从结构上看，公猪栏可以是任何形式的，但栏体和栏门一定要坚实牢固。为了保证公猪具有足够的运动空间，保持和增强其繁殖能力，公猪栏一般还应设置露天运动场。

2. 空怀母猪栏　空怀母猪一般采用小群饲养（4～6 头/栏），每头占栏面积为 1.8～2.5 m²，一般每栏面积为 8～21m²，具体设计时可根据每栏饲养的母猪数进行适当调整。

3. 妊娠母猪栏　妊娠母猪可以采用单体栏限位饲养，也可以采用小群饲养，两者各有利弊。

单体妊娠母猪限位栏通常用金属栅栏制造而成，其尺寸一般为长 2.0～

2.3m、宽 0.5~0.7m、高 1.0m，但由于不同品种母猪的体格大小差异较大，因而在具体设计时可根据母猪体型的大小作适当调整。单体妊娠母猪限位栏有"后进前出"和"后进后出"两种结构形式，后者结构简单，设备成本相对较低，但赶猪出栏时较前者麻烦一些。

为了解决单体限位栏饲养存在的问题，有些猪场也将妊娠母猪实行小群饲养，每栏养 4~5 头，猪栏面积一般为 1.5~1.8m²。猪栏宽度和长度按猪舍具体情况，猪栏高度为 1m，在采食地设置几个短隔栏（隔栏长 0.6~0.8m、宽 0.5~0.6m），可避免母猪因争食而发生咬斗。

4. 分娩母猪栏　分娩母猪栏通常由母猪分娩限位栏、哺乳仔猪活动区和仔猪保温箱 3 个部分组成。母猪分娩限位栏的作用是限制母猪转身后退，限位栏最底部横杆离床面 0.25~0.3m，并在其上设有杆状或耙齿状的挡柱，使母猪躺下时不会压住仔猪，而仔猪又可通过此挡柱去吃奶。限位栏的前后均设有栏门，其中前栏门上装有母猪食槽和自动饮水器。限位栏的尺寸一般长 2.2~2.3m、宽 0.6~0.65m、高 1.0m。

限位栏两侧为仔猪活动区，四周用 0.55~0.60m 高的栅栏围住，栅高 55mm，仔猪在其中活动、吃奶和饮水。仔猪活动区内安有补料食槽和自动饮水器。仔猪保温箱内装有电热板或红外线保温灯，目的是为仔猪取暖提供热量。

将分娩栏全栏提高至距离地面 0.4m 左右，即成为母猪高床产仔哺乳栏，栏底为漏缝地板，在分娩区和仔猪活动区各有一半金属漏缝地板，一半为橡胶板（或全部为金属漏缝地板）。这种高床产仔哺乳栏使母猪和仔猪脱离了阴冷的地面，栏内温暖而干燥，且便于粪便的清理，从而改善了母猪和仔猪的生活环境，可有效降低哺乳仔猪的发病率，提高冬、春季节仔猪的成活率。

5. 仔猪保育栏　在仔猪保育栏里饲养的是从断奶至 70 日龄的仔猪（即断奶仔猪或保育仔猪）。在此期间，由于仔猪消化机能和适应环境变化的能力都还较弱，因此需要一个清洁、干燥、温暖的饲养环境。一般采用网上保育栏，其网底离地面 0.3~0.5m，能使仔猪脱离阴冷的水泥地面。底网用钢丝编织，栏的一边有橡胶板供仔猪躺卧，栏内装有自动饮水器和采食箱。每个栏可饲养 10~12 头仔猪。

6. 生长栏、育肥栏和后备母猪栏　生长栏、育肥栏和后备母猪栏的结构形式基本相同，只是因饲养头数和猪体大小的不同而在外形尺寸上有所差异。

由于生长育肥猪和后备母猪对环境都有了较强的适应能力，对猪舍环境的要求相对要低一些，因而猪栏设计应主要考虑方便、实用和经济。为了降低成本，一般采用地面饲养的方式。猪栏地面采用水泥地面加部分漏缝地板或全部采用漏缝地板，一些小型猪场也采用全水泥地面。

二、饲喂系统及设备

按含水率的高低，可以将猪饲料分为干料、湿料和稀料 3 种形态。干料包括粉料和颗粒料，含水率为 12%～15%，易于加工贮存和实现机械化、自动化喂料，既适合于自由采食也适合于限量饲喂。湿料包括湿拌料和糖化饲料，含水率为 40%～60%，可用于限量饲喂，便于利用青绿饲料和农副产品下脚料。湿料适口性好，但因黏结力大，所以不易实现机械化、自动化喂料，且在炎热地区或高温季节还容易腐败变质，不易于贮藏。稀料的含水率为 70%～80%，具有一定的流动性，也可以实现机械化自动饲喂，但夏天容易腐败变质，冬天容易冻结。

（一）猪群饲喂方法和方式

猪群的饲喂方法有限量饲喂和自由采食两种。其中，限量饲喂主要用于种公猪和种母猪的饲喂，自由采食主要用于保育仔猪和生长育肥猪的饲养。

猪群的饲喂方式分为机械化自动饲喂和人工饲喂。机械化自动喂料减少了饲料在贮存、输送和饲喂过程中受污染的概率，饲料损失少，劳动生产率高，但设备投资大，对大、中型规模化养猪场较为适用。人工饲喂劳动强度大、效率低，饲料在装卸、运送过程中的损失大，且容易受污染；但其设备简单，投资少，任何猪场都可采用，尤其是中小型猪场更为适用。

在生产实际中，采取何种饲喂方式，不仅取决于饲料形态，还取决于猪场的饲养规模和劳动力价格等。饲喂方式的选择要因地制宜，不宜片面强调机械化、自动化。

（二）猪场主要饲喂设备

猪场饲喂设备由贮料塔、饲料输送机、计量料箱、饲料车和食槽等构成。

1. 贮料塔　贮料塔所贮存的饲料一般够猪吃 3～5d，容量过小加料频繁，容量过大则饲料容易结块，且造成不必要的设备浪费。在采用机械化自动饲喂时，每幢猪舍应安装一个贮料塔，以减少饲料的输送距离。在使用过程中应注意贮料塔的密封，最好设有料位指示器。

2. 饲料输送机　用于输送干料的固定式饲料输送机有管塞式、链式、绞龙式、弹簧螺旋式等多种型式。

3. 计量料箱　计量料箱与固定式饲料输送机落料管相连，通过运料管输送的饲料落入计量料箱，可以调节落入料箱内的饲料量，从而实现猪群的机械化、自动化定量饲喂。按照工作原理的不同，又可以将计量料箱分为容积式计量和重量式计量两种。

4. 饲料车　饲料车是一种移动式的饲喂设备，在我国的养猪场中应用最为普遍。尤其是人力饲料车，虽然劳动强度大、劳动生产效率低，但其加工制造简单、成本低，且不需要电或燃料，运送费用低廉。因此，对于一般的中、小型猪场，饲料车仍不失为一种理想的饲喂设备。

5. 食槽　猪常用的食槽有传统食槽、自动落料食槽和单体食槽。

（1）传统食槽　传统食槽通常用水泥加砖砌成或直接用水泥浇筑而成，其造价低廉，坚固耐用，且可兼作水槽。底部一般应为圆弧形，这样既便于猪只采食，又方便清洗而不至于使饲料发生霉变。

（2）自动落料食槽　自动落料食槽就是在食槽的顶部装有饲料贮存箱，贮存一定量的饲料。在猪只采食的过程中，饲料在重力的作用下不断落入食槽内，实现饲料的自动饲喂。较为适合于哺乳仔猪补料及保育猪和生长育肥猪的自由采食。自动食槽清洁卫生，加料的间隔时间可以较长，以减少饲喂的工作量，提高劳动生产率，但成本较传统食槽略高。

（3）单体食槽　单体食槽的尺寸以能容纳猪一次的饲喂量并防止饲料被猪拱出为宜，如哺乳仔猪的单体补料槽和母猪的单体食槽即属于这种类型。

（三）猪舍饮水设备

猪群饮水的供给有定时供水和自动饮水两种方式。定时供水就是在猪只饲喂前后于食槽中放水，食槽兼作饮水槽。这种供水方式的耗水量较大，容易造成水质污染和猪舍潮湿，且不便于实现自动化，目前除一些生猪散养户外，规模化猪场已不采用此方式。自动饮水就是在猪舍内安装自动饮水器，使猪在需要的时候就能喝到干净、卫生的水，有利于猪群的饲养管理和卫生防疫。

生产中使用的自动饮水器有鸭嘴式饮水器、乳头式饮水器和杯式饮水器3

种。其中，鸭嘴式饮水器因其重量轻、造价低廉而被广泛采用。

三、清粪系统及设备

在猪场的生产过程中，会产生大量的粪便，因此需要及时清除。尤其是在现代集约化猪场中，猪群的饲养密度大，粪便的产生量大，如不及时清除，会严重污染猪舍内外环境。目前，猪舍内的清粪主要有人工清粪、机械清粪、水冲清粪和自流式清粪等形式，其中常用的清粪机械有链式刮板清粪机和复式刮板清粪机等。虽然人工清粪劳动强度大、劳动效率低，但目前仍然被大多数猪场广泛采用，也是我国养猪生产中所提倡的清粪方式。

四、防疫设施及设备

为了有效控制猪场内疫病的发生、流行，确保生猪生产的顺利开展，猪场应具有综合防疫的能力。种猪场应设置隔离舍，以保持隔离舍与生产区的有效隔离。

（一）围墙

用于设置屏障，以与外界有效隔离，防止外来人员、车辆、动物随意进入猪场。围墙常由砖墙结构、围栏网、刺丝等不同材质单一组成或组合构成，并设置明显的防疫标志。

砖墙一般高 2m 以上，能有效避免外界人、动物进入，或对一些常规疾病的防控；但通风性差，建砌费用和工作量较大。

围栏网、刺丝通风性能好，可节省成本和劳力，但不能有效防止小型动物进入，对疫病防控有一定影响，建议在一些不适合用砖砌的地方使用。

（二）猪场入口消毒设施

1. 猪场大门车辆消毒设施　猪场大门是人员、车辆等进出的主要通道，在门口应设置消毒设施，防止任何人、物不经消毒就进入场区。消毒可采取浸泡、喷淋、雾化、负离子臭氧消毒或其他更有效的方式，常见的有消毒池、喷洗消毒及大型消毒房。

（1）无顶消毒池　无顶消毒池建设成本低，比较常见，但天气环境的变化对消毒液浓度的影响较大，仅能对车轮消毒，不能对车身消毒。建设时消毒池宽度为通道处的宽度，长度不低于可能进入本场最大车辆车轮的 2 周半。

（2）有顶且两侧有喷雾的大门消毒池　这种设置有喷淋消毒的设施，能对车底端进行消毒，且消毒液避免了日晒和雨淋，对通过的车辆消毒效果明显，尤其是对箱式与空车的表面消毒效果好。缺点是对运输易潮的饲料车消毒时需谨慎，会对车辆装载物达不到消毒效果。

（3）消毒房间　指对车辆及运输物品在一个相对密闭的房间中进行熏蒸消毒，以保证进场的车辆和物品能完全被消毒。

2. 大门人行通道消毒设施　猪场大门应设专人值班室，并建有人员入场专用消毒通道，负责对来往人员的消毒，常用的有紫外线消毒、超声波消毒、负离子臭氧消毒和红外线感应喷淋消毒。

（1）紫外线消毒　价廉方便，但紫外线仅对直接照射部位消毒，且对人体肌肤损伤较大。目前，部分猪场在人员入场专用消毒通道里加装了电动超微雾化器消毒。

（2）超声波消毒　超声波可使消毒液雾化，使消毒微粒变得更细，消毒效果能得到保障。

（3）负离子臭氧消毒　负离子臭氧能渗透进物体，能对人员进行有效消毒，但人会对消毒感到不适。

（4）红外线感应喷淋消毒　当人员从入场专用消毒通道经过时，机器通过红外线感应自动喷淋消毒液进行消毒。缺点是红外线感应面积有限，且受人员态度的影响，容易人为地失去消毒作用。

（三）生产区大门消毒设施

生产区大门除设置猪场大门消毒设施外，还要有消毒池通道、更衣室、洗浴室、消毒柜等设施。有条件的宜选用较为严格的沐浴、更衣、换鞋制度，并配合喷淋、雾化或负离子臭氧消毒等综合消毒方式或用其他更有效的方式，确保进入生产区人员能有好的消毒效果。

（四）兽医室消毒设施

兽医多与发病猪只接触，若所用器械消毒不严，则会带来疾病的大面积传播。兽医室也是防疫消毒的重要场所，常配有煮沸消毒、高温高压消毒、浸泡消毒、超声波清洗、干燥等设备或器具。

煮沸消毒器具根据使用需要一般选择耐用煮具及电炉，主要用于耐蒸煮的

注射器、手术器械等的消毒。煮沸后要保持5~10min的消毒时间方可达一般的消毒目的。

高温高压消毒器具需要选择压力在100kPa以上的压力锅。主要针对病死猪只解剖使用过的器械或耐热、耐湿的物品消毒。一般在压力98.066 kPa、温度120~126℃的条件下15~20min可达消毒目的。

干燥设备主要是干燥箱，对一些计量要求准确或因掺水会引起有效成分减少的物品进行消毒，一般多用于对注射疫苗、精液稀释等的器件进行干燥处理。

浸泡消毒主要对一些易损坏变形或消毒后需保持无菌状态的器件的消毒。

（五）猪舍消毒设施

1. 进口处的消毒设施 主要建有能泡脚的消毒液池和洗手用的洗手盆，用于人员进出猪舍时手和靴子的消毒。

2. 地面、墙体和空气消毒设施 一般使用高压消毒车、喷雾器和火焰消毒设备。有的猪场也采用对进入猪舍的空气进行过滤的设备，以减少病原菌通过空气进行传播的概率。

（六）水源消毒设施

1. 物理处理设施 主要通过过滤、沉淀等设施进行处理，效果有限，现多不采用。

2. 药物处理设施 主要有投药池、臭氧消毒器等设备，用于在水中使用氯制剂或臭氧以达到消毒饮水的目的。

（七）病死猪及废弃物的消毒设施

1. 掩埋场地 在猪场的下风向，选择远离水源、村庄的地方，挖深度在2m以上的深坑进行掩埋操作，主要针对非烈性传染物品的处理。也可在粪场附近设置一沉尸井，将病死或剖解猪只进行无害化处理。

2. 发酵设施 建设在防雨、防漏、防渗和防溢的场所即可，主要用于粪便和垃圾的发酵消毒，是利用嗜热细菌繁殖产生的热量来杀灭病原微生物的。

3. 焚烧设施 通常使用焚烧炉，通过燃烧来彻底消灭病菌，处理迅速且卫生，主要适用于被病原微生物污染的尸体、饲料、粪便等的消毒。

第四节　大河猪猪舍环境卫生

环境中的各种因素，如温热环境、光照、噪声、有害物质等，会以各种各样的方式经由不同途径对猪只产生作用，并且通过机体的内在规律引起猪各种各样的反应。

一、温热环境

猪的温热环境是指直接影响猪体热调节的小气候环境因素，包括空气温度（气温）、空气湿度、气流和太阳辐射，称为温热环境四要素。温热环境是经常发生变化且对猪影响较大的环境因素。在实际工作中，温热环境四要素通常并不是单独发挥作用的，而往往是综合在一起对猪体产生影响。其中，温度是起主导作用的最主要因素。在不同的湿度、气流和热辐射情况下，温度对猪的影响也不同。

（一）空气温度对猪的影响

一是在持续高温的环境中，猪的抵抗力会明显降低，体温升高，甚至昏迷，发生热射病，严重时引起死亡；在低温环境中，猪易被冻伤。二是在高温时，猪采食量降低；而在低温环境中，猪会不同程度地增加采食量。三是温度过高或过低时，饲料转化率和猪的生长速度都会下降。四是高温会对猪繁殖性能造成不利影响。

（二）空气湿度对猪的影响

在不同的温度条件下，湿度会影响猪的体热调节进而对猪的健康和生产性能产生影响。但无论是在低温还是高温条件下，高湿均会加剧猪的冷、热应激；相反，较低的相对湿度则有利于缓解猪只的冷、热应激。在适宜的湿度条件下，猪只能保持较好的健康状况和生产性能。在常温下，高湿有利于病原微生物和寄生虫滋生，使猪只易患疥癣、湿疹等皮肤病，并常使饲料、垫草发霉，猪只易发生饲料中毒等，对猪的健康产生不利影响。

由此可见，无论在任何温度条件下，高湿都会直接或间接地对猪只产生不利影响，从而影响猪群健康和生产性能。空气过分干燥，特别是再加以高温，

167

容易造成皮肤和暴露黏膜发生干裂，使猪易患皮肤病，并增加猪舍内空气的含尘量，从而增加呼吸道疾病的发病概率。

（三）气流对猪的影响

气流对猪的影响主要是通过影响猪体散热及产热而实现的。气流对猪体散热的影响主要是对流散热和蒸发散热，且其影响程度会因气流速度、温度和湿度的不同而存在差异。低温时，高风速会促进对流散热而加剧冷应激。在适温和高温环境中，提高风速一般对机体的产热量没有影响，但在低温环境中则会显著增加机体的产热量。在寒冷的季节，应注意做好猪舍内的防风工作。

（四）太阳辐射对猪的影响

适当的太阳辐射可以促进皮肤血管舒张和血液循环，改善皮肤营养，促进皮肤代谢和再生，并具有镇痛消炎和加速伤口愈合的作用，但强烈的辐射可导致皮肤灼伤。波长为 600～1 000nm 的红外线能穿透颅骨，使颅内温度升高，引起"日射病"。因此，在夏季要采取隔热和遮阳等措施；而在冬季则应让尽量多的太阳光进入猪舍内，以提高舍温。

二、光照和噪声

光照是猪只正常生存和生产不可缺少的外界条件，对猪的健康也有重要影响。在实际生产中，合理地利用光照，采取适当的措施防止噪声，对于提高猪群的生产性能具有重要的意义。

（一）光照对猪的影响

1. 可见光对猪的影响　可见光的光照强度、光照时间及其变化规律对猪的生长、繁殖等性能有一定的影响。繁殖母猪舍的光照强度从 10lx 提高到 60～100 lx，其繁殖力提高 4.5%～8.5%，仔猪初生窝重增加 0.7～1.6kg、育成率提高 7%～12.1%、发病率下降 9.3%、平均断奶个体重增加 14.8%、平均日增重增加 5.6%；种公猪在光照强度不超过 10lx 的猪栏里饲养，其繁殖机能下降，当每天给予 8～10h、100～150lx 的人工光照时，精液品质得到改善。此外，光照时间对猪性成熟及母猪发情也有一定影响。光照对初产母猪和经产母猪发情的影响与其生理阶段有关。延长光照时间可缩短种母猪发情的天数，并减少母猪哺乳期的体重损失。特别是在热应激期间，延长光照时间对仔猪断奶的体重和成活率都有好处。但过强的光照强度会引起猪的神经兴奋，造成休息时间减少，甲状腺激素的分泌量增加，代谢率提高，从而降低增重速度和饲料利用率。

2. 紫外线对猪的影响　根据紫外线的生物学作用，在生产中可以趋利避害，充分利用紫外线的有利作用提高猪群体质和生产性能，同时也要注意避免因紫外线过度照射而可能造成的危害。

3. 红外线对猪的影响　利用红外线的热效应，在养猪生产中常用于猪只的局部供暖（如将红外灯用于仔猪的保温），不仅可以御寒，而且还可以改善机体的血液循环，促进猪只生长发育。此外，红外线也具有一定的色素沉着作用，并能增强太阳光谱中紫外线的杀菌作用。当然，红外线的过度作用也会使皮肤受损，热调节发生障碍，降低胃肠道对特异性传染病的抵抗力，损伤大脑及眼睛，对机体产生不良影响。当过强的红外线作用于皮肤时，可使皮肤的温度升至 40℃以上，导致皮肤表面发生变性甚至造成严重烧伤，引起全身性反应。

（二）噪声对猪的影响

与其他动物相比，猪对噪声的反应相对较为迟钝。有人在喂饲时给猪130dB 的强噪声刺激后，仅使猪的脉搏短时间加快，而对其增重和饲料利用率均无明显影响，猪习惯以后受的影响就更小了。但是，猪舍内如果出现突然的强烈噪声，或强噪声长时间地持续作用，会使猪的生产力下降并影响其健康。《规模猪场环境参数及环境管理》（GB/T 17824.3—2008）规定，各类猪舍的生产噪声和外界传入噪声不得超过 80dB，且应避免突发的强烈噪声。

三、有害物质

（一）有害气体

猪舍中的有害气体主要由舍内产生，也可能通过通风换气由舍外进入，其成分复杂且不稳定，一般以氨气、硫化氢、二氧化碳和一氧化碳为主，并作为猪舍卫生状况的重要指标。《规模猪场环境参数及环境管理》（GB/T 17824.3—2008）规定，各类猪舍空气中的氨气、硫化氢、二氧化碳和一氧化碳不得超过规定的数值。

1. 氨气 猪舍中的氨气主要来自粪尿、饲料和垫草等含氮有机物的分解。猪舍内含氮量的多少，取决于猪的饲养密度、地面结构、猪舍通风换气情况、粪污清除和舍内管理水平等，一般为 $8\sim46mg/cm^3$，高时可达 $200mg/cm^3$。

在养殖生产中，氨气的慢性中毒应引起必要的重视。猪长期处于低浓度氨气的环境中，虽然没有明显的病理变化，但会出现采食量下降、消化率降低，对疾病的抵抗力下降，这种情况需经过一段时间才能被察觉。

种公猪舍、空怀和妊娠母猪舍、生长育肥猪舍中氨气的浓度不宜超过 $25mg/cm^3$，哺乳母猪和保育仔猪舍中氨气的浓度不宜超过 $20mg/cm^3$。

2. 硫化氢 猪舍中的硫化氢主要来自粪尿、饲料和垫草等含硫有机物的分解。另外，当猪采食了高蛋白质饲料和消化不良后，可从肠道排出大量硫化氢。

猪长时间处于低浓度的硫化氢空气环境中，可引起慢性中毒，表现为恶心呕吐、肠胃炎、体质变差、抵抗力减弱、生产性能下降。种公猪舍、生长育肥猪舍、空怀及妊娠母猪舍中硫化氢的浓度不宜超过 $10mg/m^3$，哺乳母猪和保育猪舍内硫化氢的浓度不宜超过 $8\ mg/cm^3$。

3. 二氧化碳 实际中，猪舍空气中的二氧化碳含量很少达到有害的程度。但二氧化碳浓度可以反映猪舍的卫生状况，当其浓度超标时，说明其他有害气体的含量也可能过高。因此，二氧化碳浓度通常被作为监测猪舍空气污染程度的可靠指标。

种公猪舍、生长育肥猪舍、空怀及妊娠母猪舍中二氧化碳浓度不宜超过 $1\ 500\ mg/m^3$，哺乳母猪和保育猪舍内的二氧化碳浓度不宜超过 $1\ 300\ mg/m^3$。

4. 一氧化碳 猪舍空气中一般没有一氧化碳，只有当冬季在封闭式猪舍内生火取暖，如煤、炭燃烧不完全时，才可能产生一氧化碳。当一氧化碳浓度在 $625mg/m^3$ 时，短时间即可引起机体发生急性中毒。猪舍空气一氧化碳的浓度不宜超过 $3.0mg/m^3$。

（二）微粒和微生物

在猪舍空气中，除了会产生上述有害气体外，还可能产生粉尘等微粒和微生物，从而对猪群健康和生产性能产生不利影响。

1. 微粒 猪舍空气中的微粒是指存在于空气中的固态和液态杂质的统称。

根据粒径的大小，可将微粒分为尘、烟和雾 3 种。

猪舍中的微粒除由大气带入外，主要来自于猪舍清扫、分发饲料和垫草、刷拭猪体等管理操作及猪群的活动。据测定，猪舍空气中的微粒含量一般为 $103 \sim 106$ 粒$/m^3$，而在翻动垫草时其数量可增加数十倍。

微粒落在猪皮肤上，可造成皮肤感染。另外，尘埃落于眼结膜上，会刺激结膜，引起眼疾。据调查，猪肺疫约有 87% 的发生在含微粒数量较多的猪舍内。微粒的最大危害在于能为微生物提供营养，这样病原微生物就可附在微粒上进行繁衍。另外，微粒还可吸收空气中的水汽、氨气和硫化氢等，使其在猪舍内大量蓄积，从而加剧其对猪只的危害。

猪舍空气中 PM10 不应超过 $1mg/m^3$，TPS 不应超过 $3mg/m^3$。《规模猪场环境参数及环境管理》（GB/T 17823.3—2008）规定，种公猪舍、空怀及妊娠母猪舍、生长育肥猪舍内的含尘量不得超过 $1.5mg/m^3$，哺乳母猪舍和保育舍内的含尘量不得超过 $1.2mg/m^3$。

2. 微生物　猪舍内的空气因潮湿、黑暗、气流滞缓、微粒多、微生物来源多，故其微生物含量远比大气中的多。有资料证明，猪舍内微生物的含量可比室外空气高出 $50 \sim 100$ 倍，这也取决于猪舍的卫生状况、饲养密度、生产工艺和猪只健康状况等。猪舍空气中常有青霉菌、曲霉菌、毛霉菌、放线菌、绿脓球菌、葡萄球菌、链球菌、破伤风杆菌和炭疽芽孢等病原微生物，当猪舍内有携带病菌和病毒的猪时，空气中会含有相应的致病菌。病原微生物可附在飞沫和尘埃上传播疾病。其中，把以尘埃为载体的疫病传播，称为"尘埃传播"；以咳嗽、鸣叫和打喷嚏喷出的液滴为载体的疫病传播，称为"飞沫传播"。

《规模猪场环境参数及环境管理》（GB/T 17823.3—2008）规定，种公猪舍、空怀母猪舍、生长育肥猪舍内空气中的细菌总数不得超过 6 万个$/m^3$，哺乳母猪舍和保育猪舍中的细菌总数不得超过 4 万个$/m^3$。

第九章
大河猪开发利用与品牌建设

第一节　大河猪品种资源开发利用现状

　　大河猪属乌金猪代表性猪种，具有全身火毛、耐粗饲、抗逆性强、肌内脂肪含量高、肉质优良的特性，是加工云南火腿的优质原料猪种，具有"宣威火腿大河猪""大河猪种甲滇东"之美誉。20世纪50—60年代，大河猪是云南省的一个当家品种，当地繁殖的大河猪种猪和仔猪远销云南省中部和滇东北大部分地区，辐射贵州、广西相连地区的14个市、区、县。1972年，云南省科技和畜牧部门联合投资，在富源县大河镇兴建大河种猪场。1976—1994年，云南农业大学连林生教授牵头，系统开展了大河猪保种选育工作，并开展了大量的杂交试验和杂交配合力测定，为大河猪的杂交利用提供了科学依据。1994—2003年，曲靖市畜牧局高级畜牧师司徒乐愉主持，利用杜洛克与大河猪杂交组合横交固定，育成大河乌猪培育品种。2003年以后，在当地政府的引导下，建立起了较为成型的大河猪"三群一网"良种繁育体系，并吸引民间资本从事大河猪肉产品的加工开发，构建养殖加工产业链。

一、杂交利用

　　大河猪作为杂交亲本的杂交利用始于1977年。开始时，引入巴克夏、苏白作父本与大河猪杂交，继而引入长白、大白、杜洛克、汉普夏作父本与大河猪杂交，杂交后代均表现出了明显的杂种优势，其中杜洛克与大河猪的杂种优势最为明显。经多年的试验与生产实践，筛选出了"杜×大"二元杂交和"约×杜×大"三元杂交两个优良组合，并广泛运用于生产。

1. 大河猪繁殖性状杂交效应　过去，在大河猪繁殖性状杂交效应方面的研究很少，可查证的资料只有杜洛克与大河猪的杂交。这一杂交组合在繁殖性状上表现出了明显的杂种优势。应用母本效应计算二元母猪杂交效应，窝产仔数、窝产活仔数、初生窝重、21日龄泌乳力和35日龄断奶窝重的母本效应分别为27.33％、27.62％、33.25％、40.31％和53.67％（表9-1和表9-2）。

表9-1　约×杜×大三元杂交母猪繁殖性状

杂交组合		窝产仔数（头）	窝产活仔数（头）	初生窝重（kg）	21日龄泌乳力（kg）	35日龄断奶窝重（kg）	70日龄窝重（kg）
大约克夏（父本）	杜洛克×大河（母本）	10.54	9.84	10.82	38.44	67.27	175.98

表9-2　约×杜×大三元杂交母猪繁殖性状母本效应

杂交组合		窝产仔数母本效应（％）	窝产活仔数母本效应（％）	初生窝重母本效应（％）	21日龄泌乳力母本效应（％）	35日龄断奶窝重母本效应（％）
大约克夏（父本）	杜洛克×大河（母本）	27.33	27.62	33.25	40.31	53.67

2. 大河猪主要杂交组合育肥性状杂交效应　二元杂交组合，以杜洛克、长白、大约克夏、巴克夏4个品种公猪分别与大河猪母猪杂交的4个杂交组合，批次多，资料完整，各杂交组合日增重均具有一定杂种优势，杂种优势率为2％～7％。其中"杜×大河"二元杂交日增重、饲料利用率优于其他杂交组合。三元杂交组合，仅做了大约克为终端父本、杜洛克为中间父本的三品种杂交试验，"约×杜×大河"三元杂交日增重、饲料转化率优于二元杂交（表9-3）。

表9-3　大河猪主要杂交组合育肥性状指标及杂种优势

杂交组合		日增重（g）	饲料利用率（％）	日增重杂种优势（％）
父本	母本			
杜洛克	大河猪	656.0	3.33	6.42
长白	大河猪	637.6	3.51	3.13
大约克夏	大河猪	623.1	3.48	4.13
巴克夏	大河猪	548.4	3.74	2.02
大约克夏	杜洛克×大河	764.3	3.16	—

注："—"指未进行相关数据

3. 大河猪主要杂交组合胴体性状杂交效应　二元杂交组合，以杜洛克、长白、大约克夏、巴克夏 4 个品种公猪分别与大河猪母猪杂交的 4 个杂交组合，胴体性状的各项指标方面均具有一定杂种优势，杂种优势率为 2%～7%，其中"杜×大河"二元杂交胴体性状的各项指标优于其他杂交组合。以大约克夏为终端父本、杜洛克为中间父本的三品种杂交组合胴体性状各项指标优于二元杂交（表 9-4 和表 9-5）。

表 9-4　大河猪主要杂交组合胴体性状

杂交组合		屠宰体重	屠宰率	背膘厚	眼肌面积	后腿比例	瘦肉率
父本	母本	(kg)	(%)	(cm)	(cm²)	(%)	(%)
杜洛克	大河猪	89.35	73.01	3.56	28.50	28.84	53.94
长白	大河猪	93.19	72.43	3.74	26.43	27.57	52.36
大约克夏	大河猪	91.21	73.42	3.61	25.87	27.02	52.16
巴克夏	大河猪	90.97	70.29	4.70	19.03	25.46	45.43
大约克夏	杜洛克×大河	101.40	74.63	3.24	34.06	30.07	56.83

表 9-5　大河猪主要杂交组合胴体性状杂种优势

杂交组合		屠宰率杂种	背膘厚杂种	眼肌面积杂种	瘦肉率杂种
父本	母本	优势（%）	优势（%）	优势（%）	优势（%）
杜洛克	大河猪	4.30	4.71	9.62	5.26
长白	大河猪	3.47	16.88	−0.26	0.99
大约克夏	大河猪	4.89	9.39	−0.50	0.15
巴克夏	大河猪	1.87	2.17	5.72	1.84

4. 大河猪主要杂交组合肉质性状杂交效应　二元杂交组合，以杜洛克、长白、大约克夏、巴克夏 4 个品种公猪分别与大河猪母猪杂交的 4 个杂交组合，肉质性状的各项指标综合排序为：巴×大河＞杜×大河＞约×大河＞长×大河。以大约克夏为终端父本、杜洛克为中间父本的三品种杂交组合肉质性状各项指标均达到优质猪肉标准（表 9-6）。

表9-6 大河猪主要杂交组合肉质性状

杂交组合		肉色	大理石纹	pH$_{45min}$	失水率	肌内脂肪
父本	母本	（分）	（分）		（%）	含量（%）
杜洛克	大河猪	3.24	3.44	6.33	5.17	5.42
长白	大河猪	2.76	3.01	5.97	8.34	4.21
大约克夏	大河猪	3.01	3.21	6.27	6.43	5.02
巴克夏	大河猪	3.20	3.54	6.70	5.07	6.07
大约克夏	杜洛克×大河	3.31	3.24	6.25	7.24	4.28

二、杂交培育新品种

20世纪60—70年代，我国生猪生产以农村散养为主，种植业副产物是猪饲料的主要来源，大量农作物秸秆、糠麸，青绿作物的根、茎、叶用于猪饲料。加之，人们对猪肉的需求以高能量的脂肪为主，而大河猪耐粗饲、囤积脂肪能力强的特点很好地迎合了当时的生产和消费需求。80年代末，随着社会经济的发展，生活水平的日益提高，人们对猪肉产品的需求由脂肪需求逐步转向对瘦肉需求，对猪的品种需求也相应由脂肪型转向瘦肉型，养殖模式也由散养逐步转向规模养殖，低耗料、高增重、高瘦肉率成为生猪生产的追求目标。大河猪存栏量逐年减少，农村母猪"多、乱、杂"现象日益突现，甚至出现大量引入外三元猪的现象。1985年富源县畜禽资源普查显示，全县共有存栏母猪22 647头。其中，大河猪16 305头，占母猪存栏量的72.00%。1993年富源县农村母猪生产性能抽样调查显示，当时调查的826头母猪中，大河猪有401头，占48.55%。2001年富源县抽样调查了961头母猪，其中大河猪211头，占21.96%。大河猪存栏量锐减，保种形势严峻。

1994年，在云南省"八五"攻关课题的立项支持下，由曲靖市畜牧局司徒乐愉高级畜牧师主持，利用杜洛克与大河猪优良杂交组合F$_1$横交固定，经过6年5个世代选育，2000年12月完成选育目标，并通过省内外专家的鉴定验收。2003年通过农业部审定，定名"大河乌猪"。

（一）大河乌猪的特点

大河乌猪保留了大河猪半血，继承了大河猪耐粗饲、抗逆性强和肉质优良

的特性；同时，通过引入外血，大河乌猪繁殖、增重、饲料利用率和瘦肉率等经济性状有了大幅改进。

1. 体型外貌　大河乌猪被毛黑色，毛尖部略带褐色，在阳光照射下呈金黄色，俗称"黑火毛"。体质结实，体型匀称，各部位结合良好。头大小适中，嘴直长，前端有 3 条环形的浅皱纹，俗称"三道箍"。额部有菱形浅皱纹，俗称"八卦"。耳中等大小，耳尖下垂。体躯较长，背腰平直，胸廓宽深，后躯丰满。腹部紧凑。乳房发育良好，乳头 6～7 对。四肢健壮，肢蹄结实。公猪睾丸匀称。

2. 繁殖性能　性成熟早，公猪 3 月龄、母猪 4 月龄达性成熟，适宜初配年龄公猪为 7 月龄、母猪为 6 月龄，体重达 70kg。初产母猪，窝均产仔 8.49 头，窝均产活仔 7.64 头，仔猪平均个体重 1.12kg；经产母猪，窝均产仔 10.88 头，窝均产活仔 10.02 头。

3. 育肥性能　达 100kg 体重日龄 197.4d，日增重 647g，料重比 3.31：1。

4. 胴体品质　屠宰率 74.14%，等级肉比例 79.14%，腿臀比例 28.67%，皮厚 0.32cm，背膘厚 3.30cm，眼肌面积 26.66cm²，胴体瘦肉率 53.47%，皮脂率 36.16%，骨率 8.78%±0.75%。

5. 肉质理化指标　肉色评分 3.31 分，大理石花纹评分 4.35 分；pH_{45min} 为 6.30，pH_{24h} 为 6.00；干物质含量为 27.93%，肌内脂肪含量为 5.24%；失水率为 8.55%，熟肉率为 74.09%；肌纤维面积为 2 912.86μm^2，肌肉纤维直径长径 72.3μm、短径 56.39μm。

（二）大河乌猪的生产应用

当地对大河乌猪的利用有两个途径。一是纯繁利用。生产纯种大河乌猪，进行半放牧生态养殖，在一、二、三线城市设黑毛猪肉专卖店，创建绿色、有机的黑毛猪优质肉品牌，猪肉销售价格一般高于市场普通猪肉的 2～3 倍。二是利用大河乌猪作母本开展二、三元杂交利用。目前，在生猪生产中利用最多的有"约×大乌"和"约×长×大乌"。这两种杂交利用的后代能表现明显的杂交效应，其杂交后代一方面具有大河乌猪母本耐粗饲、抗逆性强和肉质优良的特性，另一方面在瘦肉率、日增重和饲料利用率等主要经济性状又有很大改善（表 9 - 7 至表 9 - 10）。

表9-7 大河乌猪二、三元杂母猪繁殖性状

杂交组合		窝产仔数	窝产活	初生窝重	20日龄	35日龄断奶	70日龄
父本	母本	（头）	仔数（头）	（kg）	泌乳力（kg）	窝重（kg）	窝重（kg）
大约克	大河乌猪	11.43	10.52	12.65	41.53	67.97	198.41
大约克	长×大乌	11.67	10.67	12.80	46.14	78.40	255.64

表9-8 大河乌猪主要杂交组合育肥性状

杂交组合		日增重（g）	饲料利用率（%）
父本	母本		
大约克	大河乌猪	723.21	3.24
大约克	长×大乌	787.04	3.13

表9-9 大河乌猪主要杂交组合胴体性状

杂交组合		屠宰体重	屠宰率	背膘厚	眼肌面积	后腿比例	瘦肉率
父本	母本	（kg）	（%）	（cm）	（cm^2）	（%）	（%）
大约克	大河乌猪	101.23	73.36	3.41	28.10	28.47	56.31
大约克	长×大乌	102.40	74.27	2.42	34.34	30.12	60.24

表9-10 大河乌猪主要杂交组合肉质性状

杂交组合		肉色	大理石纹	pH$_{45min}$	失水率	肌内脂肪
父本	母本	（分）	（分）		（%）	含量（%）
大约克	大河乌猪	3.31	3.56	6.33	5.17	4.26
大约克	长×大乌	3.07	3.10	6.42	6.32	3.60

三、"三群一网"良种繁育体系建设

杂交与纯繁是相辅相成的，没有纯繁就没有杂交，没有杂交的纯繁也是没有意义的纯繁，这种纯繁是不可持续的。大河猪保种选育与杂交利用只有完整的良种繁育体系做保障，才能做到可持续发展。大河猪主要采用"三群一网"的方式建立良种繁育体系。

（一）三群

1. 核心群　由原种场承担，主要职责是进行大河猪保种选育和大河乌猪选育。现有 2 个原种猪场，一个是富源县畜牧局主办的大河种猪场，承担大河猪保种选育和大河乌猪的持续选育工作。大河猪保种选育群现有 8 个家系公猪 24 头、母猪 200 头，大河乌猪育种群现有 8 个家系公猪 24 头、母猪 300 头。另一个为云南东恒经贸集团有限公司主办的多乐种猪场，承担大河乌猪品系选育工作。现有 8 个家系公猪 24 头、母猪 260 头大河乌猪专门化品系育种群。

2. 扩繁群　分为两个部分：一部分为大河猪的扩繁，富源县政府在营上、大河、竹园和墨红 4 个乡镇划定大河猪自然保种区，采取政府补助、个体户承办的方式建立大河猪辅助扩繁场。现有 4 个大河猪扩繁场，存栏大河猪公猪 32 头、母猪 400 头。采取点面结合的方式扩大大河猪纯繁群体，提升大河猪的供种能力。为了提高保种群的经济效益，在世代交替过程中也穿插一些杜洛克与大河猪杂交制种，以生产"杜×大河"二元母猪，为"约×杜×大河"三元杂交提供母本。另一部分为大河乌猪扩繁制种群，主要开展大河乌猪的纯繁和杂交制种工作，为生产提供优良大河乌猪纯种和二元杂交母猪。二元母猪制种，主要用长白公猪与大河乌猪杂交，生产"长×大乌"二元母猪，为"约×长×大乌"三元杂交利用提供母本。采取政府补助、个体承办方式建立大河乌猪扩繁猪场。现有 14 个大河乌猪扩繁猪场，主要分布滇东北地区，存栏大河乌猪公猪 164 头、母猪 8 600 头，年提供大河乌猪良种约 5 万头。

3. 生产群　主要指生产性质的规模化猪场和散养农户。少部分养殖户直接利用大河猪和大河乌猪纯种做半放牧生态养殖，生产高品质肉猪供应高消费人群。大部分养殖场和农户利用大河猪和大河乌猪开展二、三元杂交。大河猪和大河乌猪大量推广到西南各省（自治区、直辖市），主要集中分布区为云南省滇东北地区和贵州、广西邻近县、市。近年来，每年从富源县推广到全国各地的大河猪和大河乌猪约 2 万头。

（二）一网

即猪人工授精网。以富源县为例，政府项目资助，个体户承担，在全县 11 个乡镇建立了 24 个种公猪站；同时，以村委会为单位设置供精网点。从种公猪站采精运送到各供精网点，供精网点分发到商品猪场和个体养猪户。
种公猪站饲养品种为大约克，只负责饲养公猪、采精、供精，不做种猪继代
繁殖工作，淘汰种猪从全国各地外种猪育种场购进补充。大河猪良种繁育体
系见图9-1。

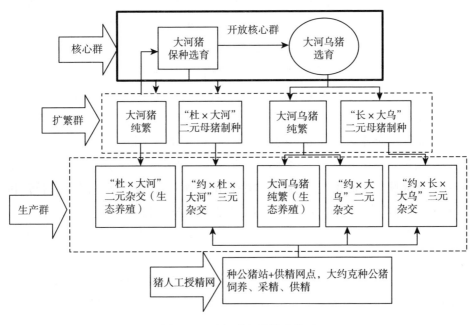

图9-1 大河猪良种繁育体系

四、优质肉产品开发

大河猪和利用大河猪培育的大河乌猪，肌内脂肪含量高，肉质细嫩、味
美，是生产优质鲜肉和加工优质肉制品的上等原料猪。当地屠宰年猪时，家家
户户都有用后腿腌制火腿和腊肉的风俗。其中，云南农户腌制的火腿在国内都
很有名气，云南火腿号称"中国三大名腿之一"。云南火腿之所以有名，一是
因为用大河猪为原料，在当地有"宣威火腿大河猪"的流传；二是因为云南省
农村养猪，猪吃的饲料杂，养殖周期长，肉中的干物质含量多，水分含量低，
肉的香味足。近年来，东恒集团等一批食品加工企业，以大河猪及其杂种猪为
原料，采取产、学、研联合方式，开展优质冷却肉和深加工产品的研发力度，
创建高端肉制品品牌。例如，东恒集团与中国农业大学、中国农业科学院和云

南农业大学合作，全套引入意大利风干发酵肉制品设备，对云南火腿、香肠等中式肉制品进行加工改造升级，生产出畅销全国的五大类产品。在此，就五大类肉制品原料部位来源和主要产品进行归纳介绍，重点产品详细的加工工艺于本章第二节叙述。

1. 冷却肉　主要产品和对应的胴体部位有：前腿肉（2号肉）、后腿肉（4号肉）、通脊（背最长肌，3号肉）、小里脊（腰大肌，5号肉）、五花肉（中方肉中的一部分）、排骨（前排、肋排）。

2. 大河乌猪云南火腿　原料肉来源于猪后腿。腌制发酵成熟的火腿，农家一般吊挂在火炉的上方或者是楼棚上，现割现炒现吃；做商品销售的火腿，整只放在集市销售。

食品加工企业对发酵成熟的火腿进行分类，低于4kg的小火腿，整只修整包装销售，超过6kg的大火腿，按部位分割包装销售。分割包装产品主要有：块状火腿（腿心肉）、皇冠腿（附着在股骨上）、金钱腿（附着在胫骨和腓骨上）、片状火腿（除金钱腿外的全部去骨去皮火腿肉）。同时，利用分割包装形成的碎料加工一些熟食类的即食食品，主要产品有火腿精丝、火腿酱等。

3. 发酵肉制品　主要产品及对应的胴体部位有：库巴火腿（颈部肌肉，1号肉的瘦肉部分）、发酵火腿（去骨去皮后腿肉、4号肉瘦肉部分）、发酵培根（五花肉）、萨拉米（碎精肉和肥膘，对应部位为整个胴体的碎精肉和肥膘）。

4. 低温肉制品　主要产品及对应的胴体部位有：西式火腿肠（猪胴体所有瘦肉和肥膘）、西式火腿（2号肉和4号肉）、西式培根（五花肉、2号肉和4号肉）、中式低温香肠（猪胴体所有瘦肉和肥膘）、小腊肉（前腿肉、颈部肉、五花肉）。

5. 酱卤肉制品　主要产品及对应的胴体部位：扒猪脸（猪头肉）、卤猪蹄（猪四蹄）、卤猪尾（猪尾巴）、卤肘子（前脚肘关节）、卤猪肠（猪大肠、直肠）、卤猪心（猪心脏）。

五、品牌创建及产品产销现状

富源县为大河猪的原产地及大河乌猪的育成地，县委县政府依托地方猪种资源优势，提出"做好一篇文章，打响两个品牌"的经济发展战略，做好富源煤炭一篇文章，打响大河乌猪（大河猪杂交育成品种）和富源魔芋两个品牌，在大河猪的品牌建设方面做了大量工作。一是政府投资引导建立了大河猪"三群一网"良种繁育体系,理顺了大河猪保种、育种和杂交利用的关系,确保大河猪保种、育种、扩繁、杂交利用的有序进行,避免了猪种"多、乱、杂"的现象。二是走绿色环保的养猪业发展之路,鼓励养猪户发展大河猪无公害养殖,现有12个养殖基地通过无公害认证,年出栏无公害肉猪10万余头。三是对大河乌猪育成品种开展品牌认证申报,2003年获农业部新品种认定(品种证号:农01新品种证字第7号),2007年获国家工商总局地理标志证明商标(证书号:4873003),2014年获农业部地理标志登记(证书号:AGI01438),2015年大河乌猪地理标志证明商标被评为全国驰名商标;四是出台优惠政策,鼓励企业从事大河猪产业的开发,利用大河猪和新培育的大河乌猪开发生产优质猪肉和猪肉深加工产品,打造高端肉制品品牌,东恒集团等一批食品企业已成雏形。

通过政府与企业的联动,大河猪良种资源开发已形成三大优势品牌,即大河猪(包括大河乌猪)良种、大河乌猪云南火腿、风干发酵肉制品。

大河猪及大河乌猪良种远销大西南各省(自治区、直辖市)、云南省以滇东北为主的各地州、市,少部分销售到北京、江西、湖南、湖北和东南亚国家的缅甸。省外销售种猪多以大河乌猪纯种为主,年销量1 500~2 000头;省内及产地周边贵州盘县、兴义,销售种猪多以长×大乌二元母猪为主,年销量8 000~10 000头。

大河猪及大河乌猪纯种及二、三元杂交猪,一部分以商品仔猪方式外销,销售区域与种猪销售区域大体一致,纯种商品仔猪主要用于黑毛猪的绿色生态养殖;二、三元杂交的白毛仔猪,主要供应规模化猪场和农村散养户。

大河乌猪云南火腿,一部分为农家腌制加工品,每年加工量约6 000t,食品加工企业生产量约2 500t。主要区域市场为云南、贵州等地,少量产品销往北京、上海等地,年外销量约2 000t。

东恒集团等一些食品加工企业,利用大河猪和大河乌猪及其杂交猪为原料,屠宰生产冷却肉和冻肉产品,年产销量约1.6万t。冷却肉主要销售区域为云南省昆明、曲靖,贵州省六盘水地区,冻肉主要销往广州等地。东恒集团等食品加工企业,开发的发酵肉制品、低温肉制品和酱卤肉制品远销全国各地,年产销量约2 000t,年销售额1.2亿元。

第二节 大河猪主要肉产品加工工艺及营销

一、大河猪及其杂种肉猪的屠宰与胴体评定

（一）屠宰

按照国家生猪屠宰管理要求，上市销售的猪肉必须实行定点屠宰，即统一由有资质的屠宰加工企业集中屠宰，主要工艺及操作规程如下：

1. 待宰猪的饲养管理　屠宰场收购的肥猪，经当地畜牧部门检疫人员检疫后，健康猪进入待宰间，按批次、产地、品种、毛色、肥瘦、强弱和体重大小分群分圈饲养管理。每头猪占栏面积一般应保证在 $0.6\sim0.8m^2$，夏天$0.85\sim1m^2$。

（1）宰前休息　肥猪经过长途运输，必然会出现生理疲劳，此时肉体与内脏的微血管中大量充血，宰后往往会因放血不净而肉膘发红；另外，肌肉运动，使肌肉内的乳酸堆积，屠宰后会加速肉的腐败，不仅影响外观，而且极易污染变质，不易储存。因此，必须保证进入待宰间的猪在宰杀前有充分的休息时间，一般休息$24\sim48h$。距离100km范围内的短途运输，宰前休息时间也不能低于12h。同时，保证给猪提供足够清新的饮水，以帮助排空胃肠粪污，减少宰后胃肠清洗时的污染。

（2）宰前绝食　宰前肥猪采取短期的饥饿管理，既符合卫生要求，又能提高猪肉品质。一般要求经过$12\sim24h$的绝食，以减少胃肠内容物，从而减少宰后清理胃肠的劳动力。但是绝食时间也不能过长，时间过长会掉膘减重，而且使肝脏和肌肉中的糖原含量减少，肉的pH升高，影响肉质。

2. 屠宰工艺　屠宰工艺流程如图9-2所示。

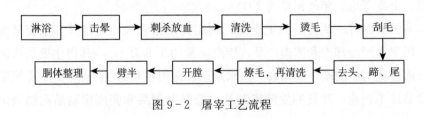

图9-2　屠宰工艺流程

（1）淋浴　淋浴的目的是为了减少猪体表面污染物对屠宰加工流水线的污

染；保持身体潮湿，易于导电，保证电麻质量；促进血液循环，利于充分放血。肥猪宰杀前要进行喷水淋浴，清洗。

（2）击晕　击晕就是让猪短暂失去知觉，减少宰杀时的应激，提高肉质；降低宰杀时猪对人的危害，减少屠宰工人的劳动强度。击晕的方法很多，有机械击晕、电击击晕、二氧化碳窒息等，目前普遍使用的是电击法。点击也叫电麻，电麻至猪晕昏迷的持续时间为2min左右，因此必须在1min内将猪刺杀放血。电麻强度要求为：电压65～85V，电流0.5～1.4A，持续时间3～5min。

（3）刺杀放血　电麻后，猪通过链条提升上轨道，倒挂运送到放血位置，屠宰工人要在猪电麻后1min内将其放血。刀以45°角在腭后刺入颈动脉沟，割断颈动脉放血。放血持续时间6～7min，即可把血基本放尽。

（4）清洗　刺杀放血过程中，血外流对猪体会造成一定的污染，放血6～7min后，用流水线上设置的洗猪装置，对猪的体表进行清洗。

（5）烫毛　猪刺杀放血6～7min后，血基本流尽，即可放入烫毛池烫毛。烫毛的水温和时间，一般是60～65℃和5～7min。但应根据猪的品种、年龄等的不同区别对待。大河猪和大河乌猪纯种黑毛猪，年龄大、体重大的猪，水温要适当高一点，烫毛时间要长一点。水温过低或烫毛时间不够，毛孔尚未扩张，煺毛困难；水温过高或烫毛时间过长，皮下组织的蛋白质变性凝固，毛被凝固在毛囊中，也不易褪毛。

（6）刮毛　烫毛池出来的猪先由机械脱毛，再放入清水池中用人工修刮机械没有脱干净的猪毛。对人工都不能刮干净的猪毛，可以用松香拔毛。

（7）去头、蹄、尾　刮干净毛的猪体，在清水池中经初步清洗干净后，上挂轨道，去头、蹄、尾。沿耳根后缘及下颌第一横褶切开，断离寰枕关节，将头割下；断离掌腕关节，去前蹄；在跗关节内侧断开第一跗关节，去后蹄；紧贴肛门切断尾根，去尾。

（8）燎毛，再清洗　去头、蹄、尾后，用喷灯对猪体的绒毛进行燎毛，然后将猪体冲洗干净。

（9）开膛　猪刺杀放血后，由于操作环境温度较高，机体中酶的活性很强，2h内肉体的温度非但不会下降，反而略有升高，可以达到40℃。此时细菌繁殖速度很快，若不及时取出内脏，肉容易腐败变质。因此，一般要求放血后30min内开膛取出内脏。沿猪体腹中线把皮和脂肪割开，从耻骨前方剖开腹腔，左手插入腹腔护住胃、肠，割下膀胱，取出胃、肠、脾；割开胸骨，连同气管取出心、肝、肺；最后用冷、凉的清水冲洗干净膛内的血垢。

（10）劈半　去头、蹄、尾，取出内脏（保留肾脏、板油）后的躯体成为胴体。劈半就是沿背中线将胴体均匀地剖成左右两半。

（11）胴体整理　摘三腺，即摘出对人食后有害的甲状腺、肾上腺，以及已充血、化脓、肿大的淋巴，最后冲洗胴体。

整个屠宰过程应控制在 40min 内完成，尽量减少高温过程微生物的繁殖。

（二）大河猪及其杂种猪胴体评定

1. 大河猪及其杂种猪胴体评定指标

（1）屠宰率　有两种测定计算方法：

一种是胴体重占宰前体重的比例，计算公式为：

$$屠宰率 = \frac{胴体重}{宰前活体重} \times 100\%$$

另一种是胴体重占空体重的比例，计算公式为：

$$屠宰率 = \frac{胴体重}{空体重} \times 100\%$$

式中，空体重为宰前重，去掉胃、肠、膀胱内容物后的重量。

本着操作便捷的原则，大河猪胴体评定多采用第一种测定计算方法，屠宰率越高胴体品质越好。

（2）背膘厚　有以下两种测定方法：

①一点测膘法　在第 6～7 胸椎结合处垂直于背部测定皮下脂肪层厚度。

②多点测膘法　于肩部最后处、胸腰结合处、荐腰结合处测定皮下脂肪厚度，用三点平均背膘厚代表胴体背膘。

大河猪胴体背膘厚评定多采用一点测膘法，背膘越薄胴体品质越好。

（3）皮厚　在第 6～7 胸椎结合处测定背部皮厚，皮越薄说明胴体品质越好。

（4）眼肌面积　在最后胸椎处垂直一背中线断开胴体，测定背最长肌的横切面积。测定方法有两种：一种是用硫酸纸描下横切面图形，用求积仪计算眼肌面积；另一种方法是用游标卡尺测量肌肉断面的高度（cm）和宽度（cm），用矫正公式计算眼肌面积，计算公式如下：

$$眼肌面积（cm^2）= 眼肌高度 \times 眼肌宽度 \times 0.7$$

（5）后腿比例　大河猪是云南火腿的优质原料猪种，后腿是评定大河猪胴体的一个重要指标。后腿比例就是后腿重占胴体重的比例，后腿比例越大则胴体品质越好。后腿分割标准是：沿最后 1、2 腰椎结合处垂直切下，分割出后腿。后腿比例的计算公式为：

$$后腿比例 = \frac{后腿重}{胴体重} \times 100\%$$

（6）胴体瘦肉率　将剥离板油、肾脏的胴体分离成瘦肉、脂肪、皮、骨 4 种成分，剥离时肌肉间和肌肉内的脂肪随肌肉一起算瘦肉，作业损耗控制在 2% 以下。胴体瘦肉率计算公式为：

$$胴体瘦肉率 = \frac{瘦肉重}{皮重 + 脂肪重 + 骨重 + 瘦肉重} \times 100\%$$

同体重的猪，其瘦肉率越高则胴体品质越好。

2. 大河猪及其杂种猪胴体等级评定　当地还没有针对大河猪和大河乌猪及其杂种猪制定统一的胴体评定标准，只有东恒集团制定了胴体等级评定企业标准（表 9 - 11）。

表 9 - 11　东恒集团大河乌猪系列杂种猪胴体等级评定标准

等级	胴体重量（kg）	背膘厚（cm）	胴体外观	猪肉组织结构
一级	95～110 80～95	≤3.8 2.5～3.4	打伤痕迹和包块面积≤2%	脂肪结实、漂白，有光泽；各部位瘦肉色泽一致，鲜红、光亮，表面干燥，指压有弹性，不粘手
二级	70～80	2.3～3.2	打伤痕迹和包块面积 2%～5%	脂肪结实、漂白，有光泽；各部位瘦肉色泽不一致，一些部位瘦肉色泽偏白，光泽度偏暗，表面干燥，指压有弹性，不粘手
三级	60～70	2.0～2.5	打伤痕迹和包块面积 5%～10%	脂肪松软、微黄，光泽偏暗；瘦肉颜色整体偏白，光泽度暗，指压弹性差，表面会粘手
等外级	≤60		打伤痕迹和包块面积 10%～20%	脂肪泛黄，无光泽；瘦肉发白，无光泽，有渗水现象
次品级			打伤痕迹和包块面积＞20%	黄脂或脂肪品相特别不好，淤血严重，肌肉渗水现象突出，有异常病灶组织

注：1. 进行多项评定时，同一胴体以单项评定最低的一项定胴体等级；

　　2. 进行大河猪纯种胴体等级评定时，胴体重和背膘不作硬性要求。

二、大河猪及其杂种猪冷却肉加工工艺、运输及销售

(一) 冷却肉的概念

冷却肉又叫冷鲜肉、排酸肉，准确地说应该叫"冷却排酸肉"，是指严格执行屠宰规程的猪胴体迅速进行预冷降温，使胴体温度（以后腿肉中心为测量点）在24h内降到0~4℃，并在后续加工、流通和销售过程中始终保持0~4℃范围的冷链中。由于冷却肉始终处于低温控制下，因此大多数微生物的生长繁殖被抑制，卫生安全有保障。冷鲜肉经历了较为充分的排酸成熟过程，肉嫩味美，被称为"肉类消费的革命"。

(二) 冷却肉加工工艺

1. 快速预冷　屠宰修整好的半边胴体迅速进入预冷间，在－18℃以下温度环境中急冻1.5~2h，以迅速抑制胴体表面微生物的繁殖。

2. 冷却排酸　将经过快速预冷的胴体转送到预冷排酸间进行预冷排酸，预冷排酸间温度控制在1~4℃，时间14~20h，以胴体温度（以后腿肉中心为测量点）降到0~4℃为准。

3. 分割包装　将经过预冷排酸的半边胴体转送分割间进行分割包装。分割标准按市场需求，加工企业自定分割规格标准（后述）。分割间为清洁区，要求环境、刀具、设备等的卫生、干净，空气中菌落总数不高于30CFU/（皿·5min），环境温度0~4℃。分割包装好的冷却肉要迅速转入0~4℃存储库保存待售。

大河猪、大河乌猪及其杂交猪冷却肉生产工艺流程见图9-3。

快速预冷 ⟶ 冷却排酸 ⟶ 分割包装 ⟶ 入库保存

图9-3　大河猪、大河乌猪及其杂交猪冷却肉生产工艺流程

(三) 大河猪及其杂种猪胴体分割标准

当地还没有制定统一的分割规格标准，在这里引用2007年东恒集团的企业标准，对大河猪、大河乌猪及其杂交猪胴体分割标准作介绍。先按图9-4做胴体大分割，然后按各产品标准作细分割。主要冷却肉产品分割标准及规格要求见表9-12。

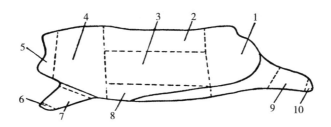

图 9 - 4　猪胴体大分割

1. 后腿　2. 脊椎排　3. 中方　4. 前腿（夹心）　5. 颈肉　6、10. 脚圈　7、9. 蹄骨旁　8. 奶脯

表 9 - 12　大河猪及其杂种猪猪冷却肉分割标准

产品名称	规格要求
前腿肉（2 号肉）	前脚与躯干结合处向前 2cm 下刀分离出槽头肉；在第 5～6 肋骨下刀，垂直斩断分离出前腿；对前腿去皮、骨、脂肪，余下的全部瘦肉称 2 号肉。要求肌膜、筋腱完整，肌肉无破损；去除血肉、淋巴结、脓块
后腿肉（4 号肉）	从倒数第 1～2 荐椎下刀，垂直背中线斩断分离出后腿。对后腿去皮、骨、脂肪，剩下的瘦肉称 4 号肉。要求肌膜、筋腱完整，肌肉无破损；去除血肉、淋巴结、脓块
通脊（3 号肉）	去除前后腿的中断肉，距离 2 脊椎骨边缘 2～3cm，与背中线平行断开分离出中方（下方的叫中方）和大排（上方的叫大排）。在大排中完整地取出背最长肌，即 3 号肉。要求不能破肌膜，以保持肌肉完整性
小里脊（5 号）	猪胴体左、右两侧的腰大肌，要求整条肌肉完整，不破肌膜，不割断
五花肉	在中方中取出肋排，与腹中线平行上移 2cm 去除奶脯，分离出肥瘦层清晰的五花肉
前排	粘连在前腿的肋骨叫前排。要求肋骨不能断裂，带肉适度
肋排	粘连在中方上的肋条叫肋排。要求肋骨不能断裂，带肉适度

（四）大河猪及其杂种猪冷却肉的冷链物流

大河猪冷却肉冷链物流的设施要求有低温储存库、制冷运输车、市场销售专用冷藏柜，储存、运输时必须保证环境温度控制在 0～4℃。运输车辆必须带制冷设备和封闭的集装箱，每天卸货后要进行清洗消毒，以保证车厢清洁、卫生。装货前要调好制冷温度，保证车厢温度 0～4℃。冷却肉从运输车卸下后要立即进入冷藏柜保存待售。

三、大河乌猪云南火腿加工工艺与销售

（一）原材料

原料：鲜腿 100kg（单只重量在 8～12kg）。

辅料：食用盐 5.5～7kg。

（二）工艺流程

原料腿→预冷→修整→上盐腌制→清洗→平衡→发酵→清洗→喷烧、打磨→分割→包装→成品入库。

（三）操作要点

1. 原料选择　沿倒数第 1～2 荐椎垂直于背中线断开，形成后段白条，去除尾椎骨、三角脯，修整为柳叶形；重量在 8～12kg 的带皮带骨猪后腿，经质检员检验无淤血、无断骨、无肉面破损，髋骨处肉包裹完整（图 9-5）。

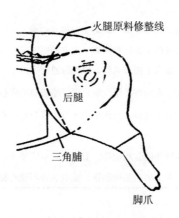

图 9-5　火腿原料示意图

2. 预冷　原料腿平铺在预冷排酸间，房间温度控制在 0～5℃，冷却 18～24h，保证肉中心温度在 0～4℃。预冷间保存时间不超过 3d。

3. 修整　用快刀将原料腿表面吊挂的肉修整干净，刮尽残毛，挤出血水，将腿修割成椭圆形，肌肉外露。

4. 上盐腌制　分三道盐进行腌制，使总盐量控制在 5.5%～7%。

（1）一道盐　使用食盐总量的 50％，室内温度 0～5℃，湿度 80％～90％。将鲜腿置于工作台上，先用湿盐将鲜腿表面揉搓一遍，挤压出动脉中的血水，上盐，在正反面猪脚至髋骨处来回揉搓。要求碗口部位力度加大，血筋处不能用手抠，不能反搓，皮面要用力搓揉以使皮肉松弛、盐分均匀。平铺腌制 3～5d。

（2）二道盐　使用食盐总量的 30％，室内温度 0～5℃，湿度 80％～90％。将腌制过一道盐的腿置于工作台上，挤压出动脉中的血水，上盐，在正反面猪脚至髋骨处来回揉搓。要求碗口部位力度加大，血筋处不能用手抠、不能反搓，皮面要用力搓揉，以使皮肉松弛、盐分均匀。腌制后进行堆码整齐，肉面向上，腌制时间 6～8d。

（3）三道盐　使用食盐总量的 20％，室内温度 0～5℃，湿度 80％～90％。将腌制完二道盐的腿置于工作台上，挤压出动脉中的血水，酌量上少量盐，正反面各部位揉搓；检查各部盐分是否均匀，若肉色偏红则再适量上盐揉搓。各部无异常腌制后堆码压实，肉面向上，腌制 6～12d。

5. 清洗　将腌制结束后的火腿放入清水池中，用塑料刷子洗去火腿表面多余的食盐，清洗掉污物，然后取出晾挂后转入平衡房间。清洗的目的是去除火腿表面的食盐，防止后期在平衡时盐分再次进入火腿内部，造成火腿盐分过高。

6. 平衡　在房间温度 0～5℃、湿度为 65％～75％的条件下，将腌制好的火腿用火腿架均匀晾挂，进行盐平衡。平衡时间在 60d 左右，失水率在 20％左右。

7. 发酵　采用自然发酵，时间不少于 8 个月，或者采用发酵房间进行控温控湿发酵。此法分两个阶段进行：第一阶段是高温发酵，发酵时间控制在 1 周左右，温度控制在 18～28℃，要求温度从高到低缓慢下降，湿度控制在 65％～80％；第二阶段是低温发酵，温度控制在 13～15℃，湿度控制在 65％～80％，发酵时间不少于 8 个月，火腿总失水率在 30％～35％。

8. 清洗　一般经过 10 个月的腌制、平衡、发酵后，大河乌猪云南火腿就达到成熟了。发酵成熟的火腿可长期存放在 13～15℃的发酵间里，最长可存放 3 年，一般以 1.5～2 年的火腿品质最优。需要加工出售的火腿，提前 2～3d 用清水将表面的霉菌、杂质清洗干净，然后晾挂待加工。

9. 喷烧、打磨　晾挂风干后的火腿用液化气（或明火）将表面的残余毛完全喷烧掉，然后用打磨机打磨干净。

10. 分割　按照成品要求进行分割，做到刀路平整、氧化层修割完全、骨不带肉、肉不残留骨。

根据火腿的不同大小来确定分割。6kg 以上的大火腿多用于分割包装，5kg 以下的小火腿多用于整只包装。

（1）琵琶腿　以大小适中、皮色黄亮、脚杆细直、精多肥少、腿心饱满、香气浓郁的毛腿为原料，根据大小加工成不同的规格，如 4.8kg、3.8kg 等（图 9 - 6）。

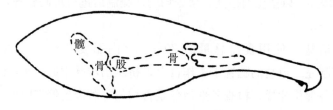

图 9 - 6　琵琶腿示意图

（2）皇冠腿　以大小适中、皮色黄亮、精多肥少、腿心饱满、香气浓郁的毛腿为原料，根据大小加工成不同的规格，如 2.6kg、2kg 等（图 9 - 7）。

（3）块状火腿　以皮色黄亮、肉色红润、香气浓郁、精多肥少、腿心饱满的腿心肌肉为原料，根据大小加工成不同的规格，如 400g、300g、280g 及礼盒包装形式，以色、香、味、形"四绝"为标准（图 9 - 7）。

（4）金钱腿　因形似古代金钱而得名，原料为后腿肘关节部位（主要为胫骨、腓骨），有整块分割的也有切为小块状包装的（图 9 - 7）。

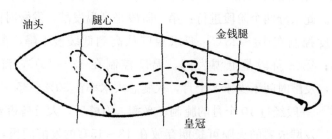

图 9 - 7　块状腿分割部位示意图

11. 包装　指把称好重量的火腿装入袋内用真空包装。

（四）火腿品质评定

原料腿感官要求应符合表 9 - 13 中的规定，理化指标应符合表 9 - 14 中的规定。

表 9 - 13 大河乌猪云南火腿原料腿感官评定标准

项目	优级品	一级品	合格品
外观	形似琵琶或柳叶，脚直伸，带蹄壳，腿心肌肉饱满，跨边小，肥膘薄，腿脚细	形似琵琶或柳叶，脚直伸，带蹄壳，腿心肌肉饱满，跨边小，肥膘薄适中，腿脚细	形似琵琶或柳叶，脚直伸，带蹄壳，腿心肌肉扁平，跨边小，肥膘较大，腿脚粗，有损伤
色泽	表面蜡黄色或淡黄色，肌肉切面玫瑰色或桃红色。脂肪切面白色或微红色，有光泽，骨髓桃红色或脂黄色，有光泽		表面蜡黄色或淡黄色，肌肉切面玫瑰色或暗红色；脂肪切面白色或淡黄色，光泽差；骨髓暗红色或蜡黄色，光泽差
气味	三签清香	上签、中签清香，下签平	上签清香，中签、下签无异味
滋味	咸淡适口、滋味鲜美、有回味		肉质稍粗、盐味偏咸、香气平淡
组织状态	肉面无裂缝，皮与肉不脱离。肌肉干燥致密，肉质细嫩，脂肪细嫩、光滑		

表 9 - 14 大河乌猪云南火腿理化指标

项目	指标
瘦肉比率（%）	$\geqslant 60$
水分（以瘦肉计，%）	$\leqslant 55$
食盐（以瘦肉中的 NaCl 计，%）	$\leqslant 12.5$
亚硝酸盐（以 $NaNO_2$ 计，mg/kg）	$\leqslant 10$
三甲胺氮（mg/100g）	$\leqslant 2.5$
过氧化值（以脂肪计，g/100g）	$\leqslant 0.25$
铅（以 Pb 计，mg/kg）	$\leqslant 0.2$
无机砷（mg/kg）	$\leqslant 0.05$
镉（以 Cd 计，mg/kg）	$\leqslant 0.1$
总汞（以 Hg 计，mg/kg）	$\leqslant 0.05$

三签香是判断火腿好坏的依据，选取的部位为火腿上肌肉最厚的三个部位，同时又是各关节处，是火腿内部最易变坏的部分，鉴定用的"签"一般用竹签或者用牛腿骨打磨呈竹签状，评定时将签插入图 9-8 所示部位，然后拔出来闻味。品质好的火腿气味清香、无异味。例如，有炒芝麻的香味，是肉层开始轻度酸败的迹象；有酸味，表明肉质已重度酸败；有豆瓣酱味道，则表明腌制的盐分不足；有臭味，表明火腿加工时原料已严重变质；有哈喇味，表明火腿已因肥膘氧化而腐烂变质。

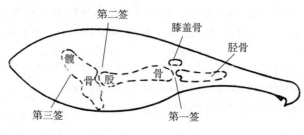

图 9-8 三签香部位图

（五）产品的运输及销售

火腿在常温条件下运输和销售，分割包装的货架期一般为 8~9 个月。

四、库巴火腿

（一）原材料

原料：1 号肉 100kg（单块重量在 1.6~2.8kg）。

辅料：食用盐 1.8~2.7kg，葡萄糖 0.3~0.8kg，亚硝酸钠 7~12g，维生素 C（或者异抗坏血酸钠）50~120g，黑胡椒粉 100~300g，白胡椒粉 50~150g，发酵剂（菌种 Sacoo Promix 1）1 袋。

（二）工艺流程

原料肉→修整→滚揉→充填→打卡、晾挂→低温发酵→高温发酵→熟化→真空包装→成品入库。

（三）操作规范及要点

1. 原料选择　原料肉为经各项检疫合格的鲜、冻猪 1 号肉，最佳 pH 为 5.6~5.8（盐度为 5.4~6.2），最佳温度为 4℃。

2. 修整　将原料肉修去淋巴、脓包、血肉、脆骨等。

3. 滚揉　选择好滚揉程序，将原料肉、辅料和菌种溶液（要求滚揉前 30min 用纯净水常温下溶解）放入滚揉罐中做到一层肉、一层辅料、一些菌种溶液。如此反复将料全部放进滚揉机后，盖上滚揉机盖子即可启动设备进行滚揉，时间为 24h。

4. 充填　滚揉结束后将滚揉好的肉放入料车，提前几分钟将肠衣泡在温水中（肠衣浸泡水温 40℃左右），将原料肉推至充填机处，调整好充填设备，开始充填，摆放时小头朝前，进行充填。

5. 打卡、晾挂

（1）打卡　将充填好的库巴两端打卡，要求尽量排出内部空气，松紧适宜。

（2）晾挂　套上网套将其晾挂上架，大头朝上、小头朝下每杆挂 5 个，每架挂 2 层，每层挂 8 杆。

6. 低温发酵　指产品进低温发酵间发酵。以温度（2~6℃）为主要指标，房间湿度（10%~99%）要保证在设定区间内，在低温发酵（大约持续 7d）过程中，控制失重在 8%~10%。

7. 高温发酵　低温发酵结束后，进入高温发酵约 1 周（温度控制在 16~28℃，由高到低下降；湿度控制在 60%~95%，由高到低下降），当失水量达到 18%~20% 即可转入熟化间熟化。

8. 熟化　将经高温发酵后的库巴进入成熟间熟化，熟化时温度控制在 11~16℃，湿度控制在 60%~85%，可根据产品进行调整，一般失水率在 30%~35% 即可进行包装。

9. 真空包装　剪去库巴两端的卡扣，撕去外面的肠衣，用真空包装袋包装，剔除不合格品，同时抽样检测相关指标，在外包装箱标注制作日期、包装日期。

10. 成品入库　经过金属检测（精度：铁 Φ1.5mm、不锈钢 Φ2.5mm）同时检查产品里是否有杂质。合格产品先于常温库中存放 2~3d，再转入 5~7℃

的低温库中储存。

(四）产品品质评定

产品品质要求应符合表 9 - 15 至表 9 - 17 中的规定。

表 9 - 15　大河乌猪库巴火腿评定标准

项目	要求
色泽	切面瘦肉呈深红色或玫瑰红色，脂肪白色，有光泽
组织状态	肌肉组织致密，切片均匀完整，瘦肉与脂肪颗粒界面清晰，结合紧密
气味	具有发酵火腿固有的浓郁发酵香味
滋味	正常的咸、鲜肉味，并有轻微的乳酸味，无异味
杂质情况	无肉眼可见外来杂质

表 9 - 16　大河乌猪库巴火腿微生物指标限制标准

项目	指标
大肠菌群（MPN/100g）	≤30
致病菌（沙门氏菌、志贺氏菌、金黄色葡萄球菌）	不得检出

表 9 - 17　大河乌猪库巴火腿理化指标标准

项目	指标
水分含量（%）	≤60
食盐（以 NaCl 计，%）	≤8
过氧化值（以脂肪计，g/100g）	≤0.25
三甲胺氮（mg/100g）	≤2.5
亚硝酸盐（以 $NaNO_2$ 计，mg/kg）	≤15
铅（以 Pb 计，mg/kg）	≤0.2
无机砷（mg/kg）	≤0.05
镉（以 Cd 计，mg/kg）	≤0.1
总汞（以 Hg 计，mg/kg）	≤0.05

（五）产品运输及销售

库巴火腿属于发酵肉制品类，需要在 0～7℃条件下储存、运输和销售。货架期一般在 120d 左右。

五、中式低温香肠

（一）原材料

原料：2 号肉（4 号肉），70kg；脊膘，30kg。

配料：食用盐 1.8～2.3kg、辣椒 2～3kg，花椒 0.2～0.5kg，白砂糖 0.4～0.7kg，冰糖 0.3～0.6kg，味精 0.18～0.3kg，白胡椒粉 0.06～0.14kg，白酒 0.8～1.2kg。

（二）工艺流程

原料肉→解冻→修整切块、切片→搅拌→灌装→扭结→晾挂→低温风干→包装贴标→检验入库。

（三）操作要点

1. 原料选择 采用具有兽医检疫合格证、生产厂家生产许可证、卫生许可证、运载工具消毒证明的，肉膜肉块完整的鲜、冻 2 号肉和 4 号肉为原料，肥肉需用脊膘（厚度不小于 2cm）。

2. 解冻 将瘦的原料肉整齐摆放在解冻架车上，推进解冻间，然后选择合适的解冻程序进行解冻，小脊膘放在外面自然解冻。

3. 修整切块、切片 首先将解冻后的肉修去淋巴、脓包、大的筋膜、脆骨、血肉、猪毛等污物，然后将修整好的瘦肉切成 5cm×5cm×5cm 的小块，将修整好的肥肉用切丁机切成 1.2cm×1.2cm×1.6cm 的小块；用热水将切片机清洗，再用纯净水清洗干净，将肥瘦肉按比例混合均匀后用切片机切成小片。用切片机时要注意安全，处于开机状态时手不要伸进入料口。

4. 搅拌 将切好的肉放入搅拌机中，均匀地撒上粉状辅料，顺时针搅拌 10s 后再逆时针搅拌 10s，加上白酒顺时针搅拌 10s 后再逆时针搅拌 10s。如此反复，控制搅拌总时间约为 2min。出料时，注意检查辅料是否混合均匀，不

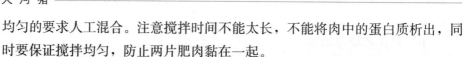

均匀的要求人工混合。注意搅拌时间不能太长，不能将肉中的蛋白质析出，同时要保证搅拌均匀，防止两片肥肉黏在一起。

5. 灌装　将灌肠机用清水清洗，然后排干净残留的水。用提升机将搅拌好的肉放入灌肠机中，选择直灌灌肠管，将真空度调整为100％。灌装时速度要适中，不能太快以免肠体表面乳化而影响后期失水。

6. 扭结　采用人工扭结的方法将香肠扭为固定的长度，每根香肠长度控制在18cm左右。要特别注意肠衣的松紧度，保证扭结均匀。

7. 晾挂　香肠扭结完后用牙签或大头针每节扎2个孔，有气孔的地方也刺一下，扎孔的深度以3～4mm为宜，不宜扎得过深。检查扭结是否有松动，有松动的必须再次扭结；查看每节香肠是否紧实，多余的肠衣必须用剪刀剪去，留下2cm的长度，将香肠用铝杆挂好晾在架子上，不能让肠衣粘在肠体上；同时，将香肠均匀分开。挂好的香肠架车用纯净水冲洗，以冲去表面的肉馅、辅料。

8. 低温风干　将香肠放入风干间，进行低温风干。风干周期控制在10～15d，失水控制在28％～32％。风干间的温度从3～5℃开始，根据产品风干情况升温（但升温幅度不能太大），调整风干间的工作时间，最高温度控制在13℃左右。

9. 包装贴标

（1）剪肠衣　剪去香肠两端的肠衣，不能剪得太短，否则肉馅易漏出，也不能留得太长。

（2）包装　产品风干后根据销售规格进行称重，把称好重量的香肠按高矮顺序装入袋内并真空包装。

（3）金属检测　经过金属检测（精度：铁 Φ1.5mm、不锈钢 Φ2.5mm）时，若发现漏气产品则要及时换袋。

10. 检验入库　包装好的香肠经理化检测合格后入成品库，并进行交接清洗。

（四）产品品质评定

要求产品应符合表9-18和表9-19的规定。

表 9 - 18　感官评定标准

项目	要求
色泽	瘦肉呈红色、枣红色，脂肪呈乳白色，外表有光泽
香气	香味纯正浓郁，有中式香肠固有的风味
滋味	滋味鲜美，咸甜适中
形态	外形完整、均匀，表面干爽，呈现收缩后的自然皱纹

表 9 - 19　理化指标标准

项目	指标		
	特级	优级	普通级
水分（g/100g）	≤25	≤30	≤38
氯化物（以 NaCl 计，g/100g）	≤8		
蛋白质（g/100g）	≥22	≥18	≥14
脂肪（g/100g）	≤35	≤45	≤55
总糖（以葡萄糖计，g/100g）		≤22	
过氧化值（以脂肪计，g/100g）		≤0.25	
亚硝酸盐（以 NaNO$_2$ 计，mg/kg）		≤30	

（五）产品运输及销售

中式低温香肠属于腌腊肉制品，可以在常温或低温（0～7℃）下存储、运输和销售。在常温下货架期为 3～4 个月，在低温（0～7℃）下货架期为 6～8 个月。

第三节　大河猪资源开发利用前景与品牌建设

一、开发利用前景

大河猪是乌金猪的代表性猪种，是当地人民经过长期选育而形成的一个地方猪种，具有很多有价值的优良性状，如耐粗饲，抗逆性强，能充分利用农家副产物，能很好地适应农家粗放养殖；肉质优良，是开发优质鲜肉和优质猪肉深加工产品的上等原料；大河猪一部分群体为火毛，农家有用中药炖火毛猪猪头的习惯。这些优良性状具有很高的开发价值。近年来，东恒集团等一批企业，开始利用大河猪及其杂交猪种，从养殖到屠宰加工建立全程产业链，开发出了以云南火腿为主的高端肉制品，产品远销全国各地，深受消费者的欢迎。重庆、贵州、四川、广州等地从事特殊生态养殖的企业，到富源县订购大河猪及其杂交猪，从事特色生态养殖，开设黑毛猪肉专卖店。

但是大河猪增重速度慢、饲料转化率低、瘦肉率低，这三大缺陷导致对其开发利用的成本过高。因此，必须多渠道、多方位研究和探索大河乌猪的开发利用现状。根据近年积累的一些成功经验，笔者提出如下建议。

（一）主要研发方向

1. 做好大河猪保种选育工作　一方面要做好种群数量规划，大河猪保种区禁止杂交改良，保证大河猪具有足够的有效群体含量，确保大河猪种群不退化；另一方面要按大河猪的保种选育目标做好持续选育工作，进一步选育提高大河猪主要经济性状的指标。

2. 开展大河猪优良性状分子遗传研究　目的是为大河猪优良性状遗传标记辅助选择提供科学依据。大河猪肌内脂肪含量高，大理石纹丰富，当差异很大（如肌内脂肪含量差异为 3%～9%）时，有必要从分子遗传角度去探索这一性状的遗传背景。

3. 利用大河猪培育新品种　随着养猪业的发展，规模化、现代化、标准化将逐步取代千家万户的散养模式，这是养猪业发展的必然趋势。大河猪耐粗饲、抗逆性强将不再占有优势，增重速度慢、饲料转化率低、瘦肉率低，这三大缺陷又很难通过繁育选育有大的提高。今后可借鉴大河乌猪培育的成功经验，充分利用大河猪遗传资源优势，开展新品种的培育研发工作，引入外种血缘、采用不同的杂交方式培育大河猪新的品种，把大河猪的优良性状凝聚到新品种中加以保存，同时又能快速提高主要经济性状。例如，大河猪火毛毛色类型，当地认为火毛猪肉质最好，还有用中药炖火毛猪猪头的习惯，是否可以考虑培育火毛大河猪新品种。

4. 开展大河猪杂交繁育体系建设的研发创新　一是要进一步开展大河猪杂交利用研究，在二元猪的基础上开展三元、多元杂交组合试验，进一步筛选优良杂交组合，通过杂交组合提高生产性能，降低养殖成本。通过配套杂交，将瘦肉率提高到 60%，料重比降到 3∶1 以内；二是要进一步研究建立保种选

育、扩繁制种、生产运用的良种繁育体系，科学、合理地布局各级种群数量和
结构。

5. 加强大河猪养殖配套技术的研发力度 大河猪以肉质优良而著称，最
适宜的开发利用方式就是发展特色生态养殖。但是，过去对大河猪特色养殖模
式的研究做得却很少，今后应加强大河猪养殖配套技术的研发力度。一是要开
展大河猪营养标准研究，制定适合大河猪生理特点的营养标准；二是开展饲料
原料与大河猪肉质关联研究，合理选用饲料原料，最大限度地发挥大河猪的肉
质优势；三是开展养殖配套设施和环境控制方法的研究，制定适合大河猪生理
特点的环境控制标准，探索大河猪生态养殖模式。

（二）大河猪主要开发利用途径

大河猪肉质优良，但养殖成本高，必须走特色养殖的道路，生产高端优质
猪肉和猪肉制品，树立地方猪种品牌，占领高端肉产品市场，只有这样才会有
生存和发展空间。

（1）抓住大河猪黑毛和火毛两大外貌特征，培育肌内脂肪含量高的优质种
猪和商品仔猪，在大河猪产区建立全国生猪特色养殖种业基地，为我国发展特
色养猪业提供优质猪源。

（2）建立杂交繁育体系，培育大河猪专门化品系，开展多元杂交，生产能
与外种猪相抗衡的配套系组合，推广应用于大河猪的规模化养殖。

（3）建立全程产业链，从养殖到屠宰加工，生产高端肉制品，占领高端肉
制品市场。在云南省，可以与云南火腿结合起来，引入国外先进火腿加工工
艺，从原料到火腿加工，对云南火腿进行全面改造升级，打造云南火腿典范，
再创云南火腿辉煌。

二、品牌建设

（一）与优质肉产品结合，打造高端肉制品品牌

在云南省，应立足于大河猪与云南火腿的结合，找准两大品牌的结合点，
从研发创新到营销策划，都要沿着这两大品牌打造发力。

（二）立足于优质、安全，做精产品品牌

高端品牌必须有优质、安全作保障。要建立 HACCP 质量监管体系，严格

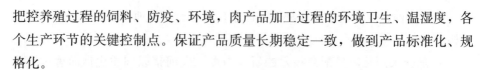

把控养殖过程的饲料、防疫、环境，肉产品加工过程的环境卫生、温湿度，各个生产环节的关键控制点。保证产品质量长期稳定一致，做到产品标准化、规格化。

（三）抓住品牌特色，做好产品宣传策划

大河猪是富源县人民经过长期选育的成果，具有百年的历史文化传承。云南火腿也是云南人民长期的饮食文化总结，提炼形成的地方特色肉产品。应抓住这些历史文化去加以宣传，赋予品牌更深的文化内涵。同时，利用好大河猪和大河乌猪农产品地理标志登记、地理标志证明商标、中国驰名商标等国家认证和国家给予的荣誉称号，做好大河猪的品牌宣传。

（四）直营树品牌，渠道拓市场，建立稳定的营销网络

选择了大河猪就是选择了肉制品的高端市场。高端产品的销售不能等同于普通食品销售，不能主要依靠渠道销售。在创建品牌阶段，首先必须打造直营店，通过直营做好体验营销、服务营销，培育品牌。待品牌有一定的影响力时再转向渠道销售的开发，进一步拓宽市场空间。同时，要做好渠道销售管理，防止经销商之间相互竞价，影响品牌形象。

参 考 文 献

李明丽，鲁绍雄，连林生，2012. 猪场环境管理与猪舍设计［M］. 昆明：云南科技出版社.

连林生，王鹤云，徐家珍，等，1987. 大河猪商品瘦肉型杂交利用研究［J］. 云南农业大学学报（1）：75-78.

连林生，吴正德，1985. 大河猪毛色遗传方式的探讨［J］. 中国畜牧杂志（1）：11-13.

连林生，吴正德，1979. 大河猪几个数量性状遗传参数的初步估计［J］. 遗传（1）：13-15.

刘继军，贾永全，2008. 畜牧场规划设计［M］. 北京：中国农业出版社.

皮晓波，司徒乐愉，王忠庆，等，2000. 新大河猪品系乳头数性状遗传研究［J］. 云南畜牧兽医（4）：6-7.

司徒乐愉，皮晓波，荣要先，等，1997. 不同初配年龄对母猪初产仔数的影响［J］. 云南畜牧兽医（2）：15.

孙兴达，李生飞，李祥，2014. 大河猪保种选育过程对胴体品质及肉质化学成分的影响［J］. 养猪（1）：47-48.

吴汝雄，2005. 云南乌金猪（大河猪）资源保护与开发利用研究［C］//中国畜牧业协会. 全国畜禽遗传资源保护与利用学术研讨会论文集：186-190.

颜培实，李如治，2011. 家畜环境卫生学［M］. 4版. 北京：高等教育出版社.

杨公社，2012. 猪生产学［M］. 北京：中国农业出版社.

尤如华，司徒乐愉，王忠庆，等，2001. 大河猪新品系繁殖特性研究［J］. 云南畜牧兽医（1）：4-5.

图书在版编目（CIP）数据

大河猪 / 严达伟，高春国主编 . —北京：中国农
业出版社，2020.1
（中国特色畜禽遗传资源保护与利用丛书）
国家出版基金项目
ISBN 978-7-109-26721-3

Ⅰ．①大…　Ⅱ．①严…　②高…　Ⅲ．①养猪学　Ⅳ.
①S828

中国版本图书馆 CIP 数据核字（2020）第 051599 号

内容提要：大河猪具有全身火毛、耐粗饲、肌内脂肪含量高、肉质好的特点，是"云腿"的优质原料猪种之一。本书系统介绍了大河猪的品种起源、特征特性、营养需要、饲养管理、疫病防控、场建环控、品牌开发。适合教学、科研单位从事猪种资源保护与利用的师生及科研人员使用，也可作为大河猪从业者的参考用书。

中国农业出版社出版
地址：北京市朝阳区麦子店街 18 号楼
邮编：100125
责任编辑：周晓艳
版式设计：杨　婧　责任校对：吴丽婷
印刷：北京通州皇家印刷厂
版次：2020 年 1 月第 1 版
印次：2020 年 1 月北京第 1 次印刷
发行：新华书店北京发行所
开本：720mm×960mm　1/16
印张：14　插页：1
字数：296 千字
定价：116.00 元

图1　大河猪（紫火毛）公猪头部（A）和侧面（B）

图2　大河猪（紫火毛）母猪侧面（A和B）

图3　大河猪（红火毛）母猪头部（A）和侧面（B）

图4　大河猪（灰火毛）母猪头部（A）和侧面（B）

图5　大河猪（灰火毛）母猪侧面

图6　大河猪种猪场场区

图7　发酵火腿生产

图8　低温发酵萨拉米

图9　低温发酵小腊肉

图10　大河猪鲜肉

图11　地理标志登记证书

图12　驰名商标

图13　获奖证书